料塔

规模化养猪场鸟瞰图

通风系统

生长自动测定系统

生产区消毒通道

选猪台

1

保育车间

育成车间

运动场

配种舍

母猪消毒通道

母猪智能饲喂系统

2

规模化猪场养殖技术

主编　荆所义　徐　丹
原泉水　侯春彬

河南科学技术出版社
·郑州·

图书在版编目（CIP）数据

规模化猪场养殖技术/荆所义等主编.—郑州：河南科学技术出版社，
2015.8（2017.8重印）
ISBN 978-7-5349-7651-3

Ⅰ.①规… Ⅱ.①荆… Ⅲ.①养猪学②养猪学-生产管理 Ⅳ.①S828

中国版本图书馆CIP数据核字（2015）第129742号

出版发行：河南科学技术出版社
　　　　　地址：郑州市经五路66号　　邮编：450002
　　　　　电话：（0371）65737028　65788613
　　　　　网址：www.hnstp.cn
策划编辑：陈淑芹
责任编辑：李　伟
责任校对：马晓灿
封面设计：张　伟
版式设计：栾亚平
责任印制：张艳芳
印　　刷：河南新华印刷集团有限公司
经　　销：全国新华书店
幅面尺寸：140 mm×202 mm　　印张：10.75　　字数：270千字
版　　次：2015年8月第1版　　2017年8月第2次印刷
定　　价：18.00元

如发现印、装质量问题，影响阅读，请与出版社联系。

本书编写人员名单

主　编　荆所义　徐　丹　原泉水　侯春彬

副主编　（按姓氏笔画为序）

　　　　王建丽　刘玉振　李清晖　张立恩

　　　　武彦红　郑　岩　胡忠彬　袁　丽

　　　　熊　杰

编　者　（按姓氏笔画为序）

　　　　王伟霞　李晓利　赵俊喜　郝志香

　　　　袁春霞

前　言

　　我国养猪业历史悠久，养猪经验和猪品种资源极为丰富，养猪数量稳居世界榜首，对世界养猪业的发展有极大推动作用。

　　由于历史的原因，我国养猪业标准化水平低，和世界养猪业先进国家有不小差距。主要表现在以下方面：猪存栏多而出栏率低；出栏肉猪平均胴体重低；胴体脂肪率高而瘦肉率低；猪与粮食比价不合理；规模化养猪场少，而中小养猪场和养猪专业户多，抗风险能力低；对疫病控制能力低，影响养猪效益；养猪体系不健全以及生态环境保护力差等。

　　发展大规模集约化的养猪企业，是我国养猪业的大趋势。这种大趋势有以下特点：

　　（1）有现代化企业经营管理体制和运作模式。

　　（2）采用现代化的科学配套技术。

　　（3）使用优良品种和优质饲料。

　　（4）实现环境优美、环保生态化。

　　（5）符合现代养猪按繁殖过程安排生产工艺流程的要求。

　　（6）有工程技术的应用和保障。

　　（7）全进全出，按节律实行全年均衡生产。

　　（8）有良好的企业文化和奋斗目标。

　　（9）体现人性化管理。

　　（10）用精细化管理来完成宏观管理目标。

养猪有过暴利，也有过亏本，但执着的养猪人，前赴后继，伴着欢笑和泪水，虽一路坎坷，却从未停止过前进的脚步。目前养猪业的规模化、集约化的蓬勃发展，是新时代养殖业的机遇，这种发展大趋势和机遇能否实现，关键在于能否搞好经营管理。如何搞好经营管理，又恰恰是许多规模化养猪场的薄弱环节。

　　为了促进养猪业向规模化、集约化发展，我们根据河南省多家养猪场的经营管理、生产管理的好模式、好经验，并参考国外的成功经验，在本书中全方位阐述了如何办好规模养猪场。规模化养猪所需的有关经营管理、生产技术等方面的问题均可查阅、参考本书。本书如有不当或谬误之处，敬请专家及读者指正。

编者

2014 年 10 月

目　录

第一章 规模化养猪场经营管理概述

养猪生产要实现高产、优质、高效的目标，不仅要提高养猪生产的科学技术水平，还必须提高经营管理水平。

第一节 经营管理基础

一、经营管理的概念

经营管理，是指企业内为使生产、销售、劳动力、财务等业务能按经营的目的顺利地执行、有效地调整而进行的系列管理、运营的活动。养猪场的经营管理，就是对整个养猪场生产经营活动进行科学决策，制订生产与销售计划，合理安排劳动力，组织人员具体实施并协调内外关系使之更有利于企业的发展，以及对企业成员进行激励，以实现养猪效益最大化的目标而进行的一系列活动。

二、经营管理的基本任务

养猪场经营管理的基本任务是合理组织劳动力，使饲料原料采购配制、猪饲养过程、产品销售等各环节相互衔接，密切配合，使人、财、物各要素合理结合，充分利用，以尽量降低人力成本、原料成本和物质消耗，生产出更多符合社会需要的种猪和商品肉猪。

三、经营管理的主要内容

养猪场经营管理的主要内容，首先是合理确定养猪场的经营形式，是生产种猪还是商品猪，是饲养苗猪、中猪还是养大肥猪出售；其次是确定管理体制，是主管负责制还是承包制或生产指标达标制；再次是制定相应的规章制度，确定养猪场经营方针、编制生产计划，建立健全相关环节的岗位职责，搞好生产管理、技术管理、产品质量管理、产品销售管理、财务管理及成本核算等；最后是及时发现和解决猪场经营管理中出现的问题，促使猪场效益最大化。

四、经营与管理的关系

经营是扩张性的，是对外的，经营过程中要有积极进取的心态。努力抓住对养育猪场有利的一切外部机会，努力追求从企业外部获取资源并形成影响，处理好与相关部门的关系；经营追求的是效益，要开源。管理是收敛性的，是对内的，要谨慎稳妥。如新疫苗的使用和免疫程序的改变等。要充分调动内部所有人员的积极性，要评估和控制风险，要加强对内部资源的整合和建立健全规章制度，要加强领导以及监督检查制度。管理追求的是效率，要节流，要控制成本。经营是龙头，管理是基础；经营是选择对的事情做，管理是把事情做对；管理始终贯穿于整个经营过程，没有管理，就谈不上经营，管理的结果最终在经营中体现出来，经营的结果代表管理水平，管理必须为经营服务，经营与管理是密不可分的；忽视管理的经营是不能持续的，挣钱多，浪费也多，白辛苦；忽视经营的管理是僵化而没有活力的，不能为了管理、控制而把人管死，规章制度要有约束力，但也要能调动人的积极性。养猪场要做大做强，首先要关注经营，研究市场，预防风险，然后加强管理。通过管理能够促进经营，经营水平提高后，又会对管理水平提出更高的要求。

五、经营管理者的理念

一位好的养猪场经营者，需要用经济的观点和科学的观点来处理一切事务。处处精打细算，减少开支，充分发掘人、财、物潜力，千方百计提高经济效益；相信科学养猪，注重运用科学的方法、手段，汲取先进经验，如对新项目投资的评估，不能以个人好恶来确定是否建设，而要以回收法、投资收益法（也称资产收益法）、净现值法、内部收益率法等进行科学计算来决定。

作为养猪场的经营者必须树立以下观念：

（1）尊重科学技术，树立科学理念。科学技术是第一生产力，现代养猪生产是一项复杂的系统工程，如何使养猪业有序地发展，让个体和群体都能表现出良好的生产水平，经营者必须有较为全面的科学技术知识，树立系统、生态、质量、效益、竞争、法制的经营管理理念，综合运用思想教育、行政管理、经济法律等管理手段，做好猪场的计划、组织、协调和控制，诚信经营，养猪场才可能有正确的经营行为与持续发展的动力。

（2）实事求是，勇于创新。经营者一定要做到实事求是，一切从实际出发，根据财力、人力、物力与技术条件的实际情况，考虑运营方式和发展方向，正确定位，不能贪大求洋和心血来潮，要排除干扰。

（3）树立商品观念，搞好市场定位。市场经济是商品经济，商品只有通过市场才能实现其价值。养猪生产必须建立符合本身条件的市场切入点，制定科学的发展目标，以质量、服务求生存，搞好种猪、育肥猪的流通，提高养猪业的产品商品率。

（4）加强信息化建设，提高经营管理水平。信息技术目前已应用到养猪生产的各个方面，其中最主要的有猪的育种、饲料配方设计、养猪场信息管理（猪群、人事、财务等）、猪病诊断、产品销售（如网上信息发布）等。通过加强养猪场的信息化建设，不仅可以提高养猪场的管理水平，减少管理费用，而且可以实现集团化，通过养猪场间的资源共享，获取市场、科技、政策法规等相关信息。

（5）加强自身学习，提高驾驭企业的能力。搞好养猪生产需要掌握管理学、经营学、财会知识、商务知识、养猪科技及有关的政策法规等。但对于当前的养猪场经营者来说，提高商务水平与财会核算水平尤其紧迫。这样才能搞好商务活动，熟悉商业规则，在掌握市场规律的基础上实现廉价购入和合理价格出售；加强核算工作，能以最佳方式获得和利用资金，达到最小投入获得最大效益的目标。

第二节　生产计划的制订

制订计划就是对养猪场的投入、产出及其经济效益做出科学的预见和安排；计划是决策目标的进一步具体化，经营计划分为长期计划、年度计划、阶段计划等。

一、计划内容

经营计划的核心是生产计划，制订生产计划时，必须重视饲料与养猪发展比例之间的平衡，以最少的生产要素（猪舍、资本、劳动力等）获得最大经济效益为目标。年度计划包括生产计划、基建设备维修计划、饲料供应计划、物质消耗计划、设备更新计划、产品销售计划、疫病防治计划、劳务使用计划、财务收支计划、资金筹措计划等内容。

二、制定程序

1. 确定总目标

必须确定是单纯养肥猪，还是单纯养种猪或二者兼营；单纯经营养猪业还是以养猪业为主，兼营其他。

2. 盘点清查全部资源

在制订生产计划时，对原有的生产要素及存栏猪种类、数量，饲料的种类、数量等一定要盘清。

3. 确定具体的生产目标

确定养何种猪、数量、规模、繁殖与饲养周期、饲料种类和数量等，如兼营其他，应确定适宜比例，建立合理的生态结构。

4. 投资与资金筹集

确定投资总额，固定、流动资金等类别及资金筹集的渠道。

5. 自给饲料量

拥有土地的养猪场，应确定自给饲料的种类和可提供的饲料数量。

6. 确定猪的品种和相应的技术

养何种品种，采取的相应技术（饲料、饲养、繁育、防疫等）和产品销售渠道。

7. 做出盈亏预测和判断

从生产周期的资金流动和资源可用性观点出发，对生产计划的经济可行性进行评价，即根据生产目标与市场情况，做出成本总支出与总产值在经济上盈亏预测和判断。

第三节　规模化养猪场运行与营销管理

一、劳动管理

为明确责任，规范生产，需建立明晰的责、权、利相统一的生产管理制度。养猪生产中通常有生产责任制、经济责任制、岗位责任制三种不同的管理形式。现就生产责任制与岗位责任制介绍如下：

（一）生产责任制

生产责任制是养猪场经营者为了调动员工的积极性，增强其工作责任心，提高养猪场的生产水平和经济效益，根据养猪场各生产阶段的不同特点制定的生产成绩高低与个人效益挂钩的管理办法。职工工资一般由岗位工资加效益工资构成。生产责任制的核心是明确规定生产者的任务，经营者和生产者的权利及其奖罚内容。生产责任制中的责、权、利反映人与人在生产劳动过程中的分工协作关系和分配中的物质利益关系。它对维持正常的生产秩序，搞好经营管理，提高经济效益具有重要作用。生产责任制的形式有多种，现做以下介绍。

1. 联产计酬

联产计酬责任制是联系产量计算报酬，年初按不同生产类别规定产量、质量或产值指标和奖罚办法，到年底结算，超产奖励，减产惩罚。

2. 联产承包

（1）企业承包。按承包对象划分，主要有集体承包、合伙承包和个人承包。按分配关系划分，主要有利润分成、利润包干（全奖全赔）、费用包干、联利计酬等。

（2）企业内部承包。按承包对象划分，主要有集体承包、班组承包、个人承包。按分配关系划分，主要有定包奖、收入比例分成、包干上交、专业承包和联产计酬。按经济指标划分，主要有产量包干、劳动定额包干、包生产成本、包产品质量等。

3. 计酬形式

主要有计件工资制、计时工资制、计时结构工资（包括基本工资、工龄工资、职务或技术工资和浮动工资）、浮动工资制（包括全浮动、半浮动和联利制）和混合制（包括分段制、比照制）。

4. 奖励与津贴

奖励和津贴是劳动报酬以外的辅助形式，这是对劳动者超过平均水平的劳动所支付的报酬。

（1）单项奖。对完成和超额完成某项指标的奖励，如质量奖、革新奖、安全奖、节约奖、合理化建议奖等。

（2）综合奖。多采用多种指标的百分制评奖法和年终奖励制。

（3）津贴。包括加班津贴、夜班津贴、特殊劳动津贴、技术津贴等。

（二）岗位责任制

定额管理是岗位责任制管理的核心，其显著特点是管理的数量化。在养猪业岗位责任制管理中，主要有劳动定额和饲料使用定额等。

要做好各项消耗定额的制定和修订工作。生产过程中的饲料、兽药、燃料、动力等项消耗定额与产品成本关系十分密切。制定先进而又可行的各项消耗定额，既是编制成本计划的依据，又是审核控制生产费用的重要内容。因此，为了加强生产管理和成本控制，养猪场必须建立健全定额管理制度，并随着生产的发展、技术的进步、劳动生产率的提高，不断地修订定额，以充分发挥定额管理的作用。

1. 劳动定额与评价

（1）劳动定额。劳动定额是生产过程中完成一定养猪作业量或产品量所规定的劳动消耗标准。按生产方式和劳动范围分为集体定额和个人定额；按工作内容分为综合定额和单项定额；按时间分为常规定额和临时性定额。其内容均应包括工作名称、劳动条件、质量要求、数量标准。劳动定额分为：

1）劳动手段定额：完成一定生产任务所规定的机械和设备或其他劳动手段应配备的数量标准。如饲料加工机具、饲喂工具、猪栏等。

2）劳动力配备定额：按生产和管理实际需要所规定的人员配备标准。如每个饲养员应负担的猪群头数、饲料管理人员的编制定额等。

3）劳动定额：在一定质量的前提下，规定单位时间内完成的工作量或产量，如人工日作业定额、工副业单位时间内完成生产量定额等。

所制定的劳动定额应遵循平均先进水平及不同工作内容间的定额水平要保持平衡的原则，应简单明确，易理解和运用。制定劳动定额的方法通常有经验估测法、统计分析法、技术测定法。在生产中要把定额管理与报酬和生产责任制等结合起来，要严格质量检查和验收，按劳分配，按时兑现。

（2）劳动力资源利用评价。

1）劳动利用率：在劳动生产率不变的情况下，提高劳动利用率，能够完成更多的工作量和产品量。具体计算方法：实际参加劳动的人数与可以参加劳动人数的比率；在一定时间内，平均每个劳动力实际参加劳动的工作日，或实际参加劳动的时间占应参加劳动时间的比率；工作日中纯工作时间占工作日时间的比率。

2）劳动生产率：提高劳动生产率是降低成本，提高经济效益的有效途径。

直接指标的计算：采用"人年"作为时间单位，即用平均每个劳动力一年内所创造的产值（或产品数量、净产值、净收入）作为劳动生产率的指标计算。如某一养猪场肥猪饲养第一组 3 人，一年出栏肥猪 3 000 头，每头单价 1 300 元，其"人年"劳动生产率为

$$平均每人一年的劳动生产率 = \frac{3\,000\,头 \times 1\,300\,元/头}{3\,人} = 1\,300\,000\,（元）$$

也可采用人工日或人工时为单位计算，即每个人工日（或人工时）所创造的产品产量（或产值）。

间接指标的计算：是用单位时间所完成的工作量来表明劳动生产率，如一个"人工时"加工多少饲料或饲喂多少猪。采用此种方法，应与劳动生产率结合起来加以分析。

2. 其他定额管理

（1）物资消耗定额。为生产一定产品或完成某项工作所规定的原材料、燃料、电力等的消耗标准，如饲料消耗、药品消耗等。

（2）工作质量和产品质量定额。如母猪受胎率、产仔率、成活率、肥猪出栏率、产品的等级品率等。

（3）财务收支定额。在一定的生产经营条件下，允许占用或消耗财力的标准，以及应达到的财务标准。如资金占用定额、成本定额、各项费用定额，以及产值、收入、支出、利润定额等。

二、猪群管理

1. 猪群结构与周转

繁殖猪群是由种公猪、种母猪和后备猪组成的，各自所占比例叫猪群结构。科学地确定猪群结构才能保证猪群的迅速增殖，提高生产水平。

2. 健全记录

改进猪群的管理工作，不断提高生产水平，必须健全生产记

录，及时进行整理分析，主要包括配种记录表、仔猪登记表、生长发育记录表、系谱卡和猪群变动登记表等。

三、产品营销

营销是指企业通过市场出售自己的产品，在实现产品的价值和使用价值过程中，所进行的计划、组织和控制等一系列活动的总称。搞好产品流通，对企业本身的生存、发展和社会的需求具有重要意义。

1. 产品营销的意义

（1）联系企业生产和社会需要，实现企业生产目的。在生产的总过程中，生产是起点，消费是终点，分配和交换是中间环节（包括产品销售过程）。猪的流通是连接生产和消费不可缺少的重要一环，可促进生产，引导消费，吞吐商品，平衡供求，合理组织货源和营销，以缓解供需不平衡的矛盾。

（2）加速流通和资金周转，提高经济效益。如产品销售不畅造成积压，必然影响资金周转和正常生产，使企业陷入困境。只有搞好产品营销，才能加快资金周转，提高资金利用率，增加经济效益。

（3）改善经营状况，提高管理水平。企业的生产经营活动是由生产、分配、交换和消费等环节组成的，其中一个环节受阻，必然影响全局，必须搞好营销，扩大销售范围，提高竞争能力，面向市场，主动适应买方市场的需要。

2. 营销的原则

（1）主动性。如生产的产品靠企业自身推销，就必须增强主动性，掌握市场信息，了解消费者的需要；正确分析本企业的产品在市场上的地位、占有率、竞争力；搞好市场定位，积极开拓市场；搞好售后服务，提高信誉和市场占有率。

（2）灵活性。产品销售受企业内外多种因素的制约，必须灵活地选择市场和流通渠道，选择适宜的交货方式、付款方式、推销方式，及时调整价格，以利产品销售。

（3）用户至上。企业要以服务为宗旨，端正经营作风，如实介绍产品的性能、质量，严防弄虚作假、坑害用户和不择手段谋求非法利润的错误倾向。

（4）经济效益。产品营销既要重视眼前，更要放眼未来，一定要看到长远利益，关键要在增加产量、降低成本、提高销量、减少销售环节、缩短销售渠道、降低销售成本等方面下功夫，争取获得好的经济效益。

3. 流通渠道

产品的销售需要经过一定的途径和渠道，称此途径和渠道为销售渠道或流通渠道。参与销售活动的单位和个人，如批发商、零销商、代理人等，将产品推入市场。我国多成分、多层次、多渠道、多形式、少环节的流通体制正逐渐增多。

（1）商品育肥猪的销售渠道：

1）直接销售渠道：生产者与消费者或收购者直接进行交易，不经过任何中间环节，减少中间环节的费用支出，但生产者要支付一定的流通费用。自宰自销亦属于这种销售渠道。

2）间接销售渠道：生产者将商品育肥猪通过屠宰场（户）、中间商或国营食品公司进入市场。

（2）种猪和仔猪的销售渠道：

1）直接销售渠道：生产者将种猪、种用仔猪、育肥用仔猪直接销售给用户，有些生产者通过市场（仔猪集散地）直接销售给用户，这种销售方式易传染疾病。

2）间接销售渠道：生产者经过中间商将产品销售给用户。

4. 促销策略

促进销售是市场营销中的一个重要内容，指企业综合运用自身可以控制的各种市场经营手段进行有效的经营活动。随着商品经济的不断发展，市场竞争的不断加剧，生产者不仅要生产质优价廉的产品，而且要加强对外宣传，扩大信息传播，增加企业和产品的知名度。促销主要有以下两种：

（1）人员推销：

1）推销人员的作用：开拓市场，不仅要牢固地占领现有市场，而且要开拓潜在市场；沟通信息，向用户提供产品信息，及时将用户的需求向企业反馈；咨询服务，经常向用户提供各方面的服务；市场调查，在营销活动中，主动进行市场研究和收集信息，为企业的经营决策提供依据；促进销售，通过与用户或消费者的广泛接触，利用彼此信任的关系，运用推销艺术，解除用户的疑虑，达到促销目的。

2）推销人员的素质：具有高尚的职业道德，维护国家和群众的利益；具有明确的服务观念，热爱本职工作，遵纪守法，秉公办事；具有坚实的专业知识和基本技能，了解本行业的发展趋势和市场动态；具有勇往直前的精神和一定的推销技巧，不怕困难，勇于进取，谦恭待人，谈吐有礼，口齿流利。

（2）非派员销售：利用广告、商标、营业推广、公共关系等推销产品。

第二章 规模化养猪场行政管理

规模化养猪企业的科学管理，是提高养猪生产经济效益的重要因素，所以是办好规模化猪场管理的灵丹妙药。据专家初步测算，科学管理有提高 20% 以上效益的潜力。没有成功的科学管理，就没有养猪企业的高效益。因此，实施科学管理是搞好规模化养猪企业的法宝，具有重要的意义。

第一节 机构要科学，岗位要合理

一、养猪场机构设置

以 1 000 头基础母猪的猪场为例，应有以下的机构和岗位设置（表 2.1 和表 2.2）

表2.1　养猪场机构设置

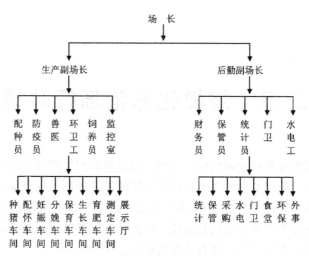

表2.2　养猪场岗位设置

职位/编制	行政人员				后勤人员					饲养人员									合计
	场长	副场长	技术员	办公内勤	统计	保管	环卫处理	水电	门卫	配种员	防疫员	公猪车间	配怀车间	妊娠车间	分娩车间	保育车间	育肥车间	测量车间	
原种猪场	1	2	1	1	1	1	1	1	2	2	2	1	2	2	6	4	4	2	36
商品猪场	1	2	1	1	1	1	1	1	2	2	2	1	2	2	6	4	4		34

二、养猪场分工及工作职责

养猪场的分工是为了明确每个人的工作范围、工作标准，职责到人，保证场内生产安全有序地进行。

1. 场长工作职责

（1）负责养猪场全面行政管理和生产管理以及经营管理等工作。

（2）负责制定和完善养猪场相关管理制度，协调各级工作关系。

（3）负责制定目标任务实施措施，落实和完成各项工作任务。

（4）负责编排全场的月度、年度生产计划、物资需求计划和预算。

（5）负责监控生猪生产情况、员工工作情况，及时解决问题。

（6）负责生产报表管理工作，安排做好日报、周报、月报等。

（7）负责人力计划、培训安排、考核录用、薪酬结兑等工作。

（8）负责抓好卫生保健、防治等工作，确保无重大疫情发生。

（9）负责做好员工思想工作，及时了解动态，及时处理问题。

（10）负责全场安全保卫工作，确保人员与公共财产、设施的安全。

2. 生产副场长工作职责

（1）协助场长搞好全场生产技术管理工作。

（2）负责实施各阶段生产操作程序，及时向场长提交生产进度、猪群周转等报表。加强技术培训，所有新来职工，都必须先培训后上岗，并在生产过程中分段进行实用技术的再培训。

（3）严格执行兽药、饲料和疫苗的计量管理，做到领料有签名，治疗有病历处方，防疫有记录。

（4）定期消毒（夏季每周1次，冬季每周2次）、灭蝇（夏秋季节每周1次）和灭鼠（每2个月1次）。

（5）搞好生产区卫生，保证生产环境整齐美观，做好猪粪及化粪池的管理以及各猪舍设备的保养。

3. 后勤副场长工作职责

（1）协助场长做好场内日常管理、后勤保障及外事协调工作。

（2）保护好水电供应设施，及时处理各种故障，做好门窗和各种设备用具的维修，保证水、电正常供应。

（3）加强职工食堂的管理，提高职工生活水平，搞好生活区的卫生及环境。

（4）做好保卫工作，保证场内一切财产的安全。严格门卫制度，所有商品和场内物品出场都必须有出门证、出库单等。

（5）礼貌待人，做好客人和客户的接待工作。

（6）做好各种生产用原料和必需物品的采购，保证生产的正常运行，爱护设备，保证安全。

（7）联系推广销售，保证种猪和商品猪的出售渠道畅通。

（8）做好日常淘汰猪和猪粪等产品的销售，增加经济效益。

4. 兽医工作职责

（1）上班后首先查栏，发现病猪对症领药治疗。

（2）督促预防用药的实施，安排消毒并监督消毒程序。

（3）严格按免疫程序预防接种。

（4）指导监督饲养员按饲养操作规程操作。

（5）了解本地区流行病的发生情况，及时提出合理化建议。

（6）定期进行疫病检测工作。

（7）一旦发生疫情或受到周围疫情威胁，紧急采取扑灭措施和应急办法。

（8）确保猪群健康，引进种猪必须隔离1个月，确定健康无病并消毒后方能进入生产线。

（9）及时隔离病猪，按程序处理死猪。对污染的栏舍、场地、器械等进行彻底消毒。

（10）病猪应填写出诊单，每次剖检要写出报告存档，不能确诊的要取病料化验。

（11）及时将猪群疫病情况向分管领导反映，以便有计划地进行药物预防。

（12）诊断后及时对症用药，有并发症、继发症的要采取综合治疗措施。

（13）对仔猪黄白痢等病的治疗，要定期做药敏试验，有计划地进行药物预防。

（14）做好诊治记录、剖检记录、死亡记录。定期讨论，总结经验教训。

（15）及时提出药品、疫苗的采购计划，并注意了解新药品、新技术。

（16）注射疫苗时，病猪不能注射，病愈后补注，做到1猪1针头。

（17）严格按说明书用药，给药途径、剂量、用法要准确无误。注意配伍禁忌，用药后，观察猪的反应，出现不良反应及时采取补救措施。

（18）免疫和治疗器械消毒后使用，不同猪舍不得使用未经消毒的同一器械。

（19）填写好各种记录和报表。

5. 统计员工作职责

（1）准确记录当日发生的各种数据并输入电脑存档。

（2）实事求是，杜绝假报、虚报。

（3）及时向上级递交日报表、周报表、月报表。

（4）月底配合场（公司）清点全群猪数，并准时提交相关报表及当月生产情况给场（公司），以便场（公司）领导及时进行当月生产和经营情况分析。

（5）转猪、购入、出售时，必须亲自到场，获取第一手资料。

（6）当日事情当日完成，不能拖后。

（7）负责管理猪场档案室工作

6. 防疫员工作职责

（1）树立"预防为主，治疗为辅"的意识。

（2）负责全场猪群的免疫接种工作，并记录免疫猪只批次、日龄、头数、免疫日期、疫苗产地、批号、使用剂量等，认真填写记录。

（3）负责全场的消毒组织、医疗器械及防疫器械的卫生消毒工作。

（4）根据疫苗使用说明进行防疫。失效疫苗不准使用。稀释后的疫苗要求 2h 内用完，剩余疫苗要焚烧或深埋处理。

（5）注射器要清洗消毒后使用，坚决执行一猪一针头制度。错误注射容易引起感染（图 2.1）。

（6）严格执行猪场免疫程序，定期对各种疫苗的免疫效果进行检测。

（7）严格执行猪场消毒程序和消毒药品的使用规定，消毒液亲自配制并记录消毒对象、用药名称及配比浓度。

7. 配种员的工作职责

（1）配种猪包括配种公猪和待配母猪（待配母猪分为初配的新母猪和断奶后的经产母猪），进入配种猪舍前都要经过畜牧兽医技术人员选育和检疫，合格后方能进舍。

（2）在配种舍内，公猪圈养，母猪定位栏养。种猪进舍前要安排好公猪的猪圈和母猪的床位，并要彻底清扫、冲洗和消

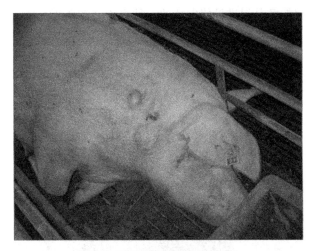

图2.1 错误注射引起猪的皮肤肿胀

毒、干燥。

（3）要了解每头待配母猪的档案，预测发情和配种日期，确定配种的公猪和配种的方式（人工授精或自然交配）及次数。

（4）细心观察，及时发现母猪发情的迹象，正确掌握配种的时机。

（5）配种后将母猪由待配栏迁移到观察栏内，经20日左右（1个发情期）的观察，若不再出现发情的征象，而且母猪呈现食欲增加、性情温驯、贪睡等受孕的特征，即可初步确定母猪受孕。若有疑问可用妊娠诊断仪测定，确定妊娠后，填写档案卡，推算预产期，并迁移到妊娠舍中饲养。

（6）配种舍实行湿拌料饲喂，现拌现喂，拌和均匀，饲槽内若有剩余饲料，必须清除后才能添加。不喂霉变饲料。妊娠前期，胎儿的发育很慢，这期间不必加料。

（7）若母猪不发情或反复发情屡配不上，或阴道流出恶露、脓液以致出现全身症状等疾病表现，应及时报告兽医，配合诊治。乳房按摩是促进母猪发情的一种方法（图2.2）。

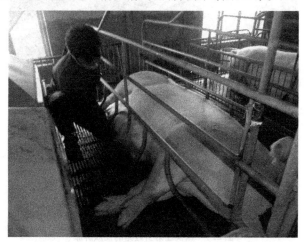

图2.2　按摩乳房促发情

（8）妊娠初期，胚胎着床不牢固，容易引起流产或死胎，特别是新母猪，要避免激烈运动或鞭打，应细心护理。

（9）猪圈、床位要保持清洁、干燥，粪便随时清扫，不用水冲圈，成年猪夏季怕热，当气温超过30℃时，要注意通风降温。特别是公猪更不耐热，尽可能采取先进的降温防暑措施。

（10）种公猪实行一猪一圈，避免两猪相遇发生咬架或其他意外。公猪圈要勤打扫，保持清洁干燥，场地宽畅，有运动的地方。刷拭猪体，保持猪体清洁（图2.3）。

（11）定期检查种公猪精液的品质，以便及时发现问题，采取相应的措施。

（12）服从养猪场统一领导，遵守养猪场中各项规章制度，听从管理人员的指挥，配合技术人员的工作，及时准确填写各项数据和报表。

图 2.3 对公猪刷拭身体

8. 水电工工作职责

（1）负责全场生产用电及用电线路的维护及安全等工作。

（2）负责全场生产用水及用水管道的维护及安全等工作。

（3）负责水电线路的改造和维修工作，减少水电浪费。

（4）负责全场水电设备的保养和维修等工作，保证生产正常运转。

（5）积极协助全场各种猪只转栏、调栏、淘汰、出售等工作。

9. 饲料车间工作职责

（1）做好养猪场猪只各阶段饲料的计划，严把饲料的质量、数量关，严禁霉败变质饲料进场。

（2）按时按量准备好各舍各品种饲料。

（3）及时翻仓和晾晒，严防原料在场内发生霉败变质，严禁使用霉败原料。

（4）加工按规定程序操作，搅拌要均匀，包装要规范。

（5）每种原料使用时必须准确过秤，严禁估重或称量不准。

（6）发现有霉变或其他质量问题，应立即停止使用，并及时向上级部门反映。

（7）按时上报当日饲料加工数量，月底配合统计人员清库。

10. 厨师工作职责

（1）严格遵守养猪场的一切规章制度。按时上下班，服从组织安排，遇事请假。未经同意不得擅自离岗。

（2）做到饭熟菜香、味美可口、品种丰富、花样常新。

（3）实行按量按标准、计划就餐。

（4）爱护公物，食堂公共设施不得随便搬动或拿作他用，对无故损毁者，要照额赔偿。

（5）做好个人卫生，做到勤洗手、勤剪甲、勤换勤洗工作服，工作时要穿戴工作衣、帽。

（6）做好食堂卫生，定期对厨房内的用具及地面等进行清洗。

（7）计划采购。要定期拟定采购计划，由场部安排采购。

（8）每周制定一次食谱，不断提高烹调技术，改善员工伙食。按时开膳，对因工作需要不能按时就餐和临时增加的客餐，可按事前预约或通知，保证餐食供应。

（9）做好安全工作。严格遵守操作规程，防止事故发生。严禁无关人员进入厨房和保管室，易燃易爆物品要按规定放好。下班前要关好门窗，检查各类电源开关、设备等。

（10）加强管理，团结协作，圆满完成上级部门的各项工作目标任务。

11. 财务人员工作职责

（1）场内的流动资金只能用于生产流通和周转，严禁私人挪用。

（2）各科室必须坚持"钱出去，货进来，货出去，钱进来，钱货两清"的原则，一律不准赊销产品，一旦出现赊销产品，当事人必须在 2 周内将相应的资金追回。

（3）对于招待和赠送必须从严掌握，减免和压缩一切非生产性开支。

（4）材料入库和出库：①外购材料入库，保管员负责验收，检查品种、规格、数量与发票是否相符，检查无误后方可办理入库；②出库手续，保管员凭场长或主管副场长签字后的出库单发货。

（5）场内一切物品均为有价商品，任何人不得擅自赊销，赠送他人或私分。

（6）所有商品的销售，一律凭财务部门的提货单发货，门卫凭提货单放行。

（7）兽医用具、医药、疫苗等，切实按生产需要购买，做到用药有病历，用材料有记录，每月向财务部门汇报分摊到各猪舍的情况。

（8）饲料由专人保管和发放，每月向场部和财务部门报告各猪舍的耗料情况。

（9）因公事出差，经场长批准后，可借给一定数额的差旅费，回场后 3 日内必须结清。

（10）任何需要报销的单据，都必须由经办人签字，所购物品必须附入库单，经场长签字后报销。

12. 采购员工作职责

采购部门是为场内提供质优价廉的原料，降低饲料成本的重要职能部门。采购人员是场里对外的一扇窗户，展示着场内的精神风貌。

（1）采购员每月下旬编制下一个月的采购计划，报请采购经理审批。

（2）根据库存情况，及时订货，保证生产。

（3）每一笔采购工作都要货比三家，购买质优价廉的产品。

（4）采购员对每一笔订货都要签订采购合同或电话签约记录单，请采购经理批准后执行。

（5）订货后要跟踪确认，并通知相关部门做好接货的准备。

（6）货到后，如发现问题，及时向供方交涉，维护本场（公司）利益。

（7）采购协调员要及时准确地做好原料入库、消耗及账款的统计。

三、场长的核心作用

场长是养猪场团队的核心，场长应具备的素质有以下几个方面：

1. 学习应用好《孙子兵法》——领导五字诀

智——决策、办法。要善于决策，遇事有办法。

信——诚信，用人不疑，发挥团队力量。威信关键在信，有信才有威。

仁——爱护、关心、体贴（己所不欲，勿施于人）。

勇——气魄、勇气、胆量。敢于选择和判断，敢于承担责任。

严——赏罚分明，以身作则。

2. 制骄

场长一定要"制骄"。"自见者不明，自是者不彰，自伐者不功，自矜者不长"（《老子》二十四章），"天欲其亡，先令其狂"。一些企业家在获得成功之后，也出现了"孤家寡人"现象：企业变成"王国"，企业家变成"国王"。正是因为很多企业家素质不高，不知"制骄"，最终导致很多明星企业昙花一现。

3. 场长要有卓越的领导管理才能和艺术

卓越的领导才能和艺术主要有以下十点：①智于决策；②长于合作；③巧于组织；④精于授权；⑤善于应变；⑥勇于负责；⑦敏于求新；⑧敢于冒险；⑨尊重他人；⑩品德高尚。

4. 场长心中始终装着养猪场的生产情况（表2.3）

养猪场长长需要掌握的养猪场主要数据，见表2.3。

表2.3　场长需要掌握的养猪场主要参数

项目		差	较好	优
母猪年供出栏猪/头		14	18	26
全群料肉比		3.4	3.2	2.8
育成（肥）105kg 日龄		180	165	150
成活率	健仔成活率/%	90	93	96
	保育成活率/%	93	95	98
	育肥成活率/%	98	98.5	99
转群重	21 日龄断奶重/kg	5.5	6	6.5
	56 日龄体重/kg	16	18	20
	70 日龄体重/kg	22	26	30
情期受胎率/%		80	85	90
分娩率%		85	90	95
胎均产活仔数		9	10.5	12.5
窝均健仔数		8	9	11
胎均总产仔数		9.5	11	12
产仔初生重/kg		1	1.3	1.6
种猪更新率/%		30	35	40

5. 场长要懂得"以人为本"是治场之本

人才是养猪场的栋梁和支柱，一个养猪场只有具备高素质的管理和技术团队，整个养猪场才有活力，才能在竞争中立于不败之地。"以人为本"是我国传统治国思想的精髓。随着社会文明程度的不断进步，20 世纪 60 年代被作为现代管理理念被明确提出。

6. 稻盛和夫的工作成果方程式，值得场长参考和思考

工作成果＝思维方式×热情×能力

注：①能力指才能、智力、健康、多为先天，热情指工作的激情和努力程度，多为后天，以上两项系数为 0～100 。②思维方式指工作大方向或人生态度，系数为-100～100。③思维方式（约占 50%）、能力（约占 30%）、热情（约占 30%）。④三者俱优，工作成果优。⑤没才能的人也可取得成功。⑥思维方式错可能全盘皆输。

第二节　企业文化

一、企业文化是养猪场的精神支柱和动力

企业文化是企业的精髓和发展的动力，要有明确的目标和方向，要切实可行，不尚空谈，要体现精神文明和物质文明两个方面，使员工能够有实现自我和发挥超我的空间。

二、建立企业文化要体现"四给"精神

给想干的人以机会；给能干的人以平台；给干得好人以回报；给不干的人以危机。

第三节　人事管理制度

一、聘用制度

（1）养猪场如因工作需要，按岗位定编增加人员时，应先由用人车间提出申请，经场长核准后，由场部报请并协助公司人力资源部办理考选事宜。

（2）新进人员考试及审查合格后，签订试用合同，公司人力资源部门核复备案存档。原则上员工试用期一个月，期满考核合格者，方得正式聘用，但成绩优秀者，可缩短试用期。

（3）试用人员如有品行不良，或工作能力欠佳，或违规违纪，可随时停止试用，予以解聘，试用不满一周者，不给工资。

（4）试用人员报到时，应向公司和场部交验有关证件资料。

二、纪律制度

员工应遵守如下规章制度（特殊岗位除外）：

规模化猪场应根据本场情况制定相应的规章制度，包括：

（1）作息制度：应据四季天气特点而定。

（2）待遇制度：

1）养猪场本着劳资兼顾、互利互惠的原则，给予员工合理待遇。

2）员工待遇分月预发工资和绩薪。预发工资按月（1~31日）于次月15日发放，绩薪每半年考核一次，于次月底发放。新进员工自报到之日起薪。离职人员自离职之日停薪，并按日计算。员工中途辞工或被辞退者，不发放考核绩薪。

3）临时性、特定性或计件性等工作人员，由场部另行办理。

（3）休假制度：应符合国家的休假制度。

（4）请假制度：应根据猪场生产特点制定。

（5）奖惩制度：一般是根据猪场的经济状况制定。

（6）考核制度：应根据各岗位的特点制定。

三、培训

（1）养猪场为培养员工品德，提高其素质及工作能力，应进行各种教育培训，被指定培训的员工，非特殊原因，不得拒绝参加。

（2）员工培训分为：

1）岗前培训：新进员工应进行岗前培训，由场部统筹办理。

2）在岗培训：员工生产中应不断学习研究本职技能，解决实际问题，相互砥砺；各级主管尤应相互施教，以求精进（图2.4）。

图 2.4　养猪场员工培训会

◆ 知识链接

提高员工素质

我国规模化养猪，自 20 世纪 90 年代起步，几家欢乐几家愁，成功的经验大多是相似的，失败的原因各有不同，其中员工的素质低却是成败的共同原因之一。要养好猪，没有高素质的人，再好的养猪场设备，再好的品种、饲料，都很难发挥作用。

四、劳动合同和保险

（1）员工于正式聘用时由养猪场协同公司人事部门办理劳动合同和保险。

（2）员工参加保险后，除依法享受各项权利及应得各种福利外，不得再向猪场要求额外的补助或赔偿。

（3）员工因工致残或死亡时，依保险条例向劳动保险部门申请给付。

（4）有下列情况之一者，应解除劳动合同，予以辞退：

1）猪场停产时。

2）猪场生产紧缩时。

3）员工对所担任的工作不能胜任时。

（5）猪场辞退员工，应于一周前以书面形式通知到本人。

（6）员工辞职，须提前一个月，以书面形式报场部，经批复办妥一切交工手续后，方可离岗。

（7）在养猪场连续工作满一年者，应发给辞退者在合同中相关的资费。

五、人事管理的精细化

1. 重视"三段"管理

（1）制度管理：把正确的事情做正确，什么是对什么是错，场里必须有明确的规定。

（2）目标管理：目标管理有以下几个注意事项：一是目标不能太高，如果员工只能看到，但无法实现，他们会没有信心；二是目标要明确，让每个人都能看到，员工才能想方设法去完成；三是目标的完成必须有相应的激励手段：①奖励，目标完成后该得到什么，要立即兑现，而不是只承诺而不兑现；②惩罚，目标完不成要受到一定的惩罚。

（3）过程管理：目标的达成是长期的过程，如果等到过程结束，木已成舟，为时已晚。细节管理就是要在达成目标的过程中的每一步都进行控制。

2. 人员管理要做到"五到"

（1）想到：就是思考和分析问题。如目标是什么，做到了什么程度，现在存在什么问题，需要怎样去解决；有什么困难，怎样去克服；下一步有什么设想，怎样去实现。每天抽一定时间进行思考，并做好记录，以便落实。

（2）看到：是指发现问题，这需要管理人员要深入一线。发现问题可能是亲眼看到，也可能是通过一些数据发现。

（3）说到：就是把工作布置下去。管理人员的工作是管而不是自己做，要把问题的危害和处理措施说清楚，由他人去完成。说到不是简单的开会安排，而是要落实到具体的人、具体时间，有明确的标准。

（4）做到：由具体人员把工作做好。问题发现了，危害和处理措施也都明确了，工作布置了，做到就成了顺理成章的事情。这里需要强调的是，不仅要做到，更要做好，完全按场里的布置和标准去完成。

（5）查到：有一句话很经典：布置工作+不检查＝0。检查是在第一时间评定员工工作质量的手段，如果不检查，到底干没干不知道，干的效果如何也不知道，那与不干没什么区别。这里需要强调的是检查的手段要合理。检查的目的是："抓住不落实的事+追究不落实的人＝落实。"也就是说把问题解决掉是检查的最终目的，而并非为了检查而检查。

3. 研究人，管好人，用好人

管理的含义，对不同规模、不同背景的养猪场有所不同：小养猪场重点管猪，大养猪场重点管人，家族式养猪场则重点是管亲。管猪要注重猪的细节，管人则要注重人的细节。

猪的细节容易搞清楚，因为猪的要求很低；但人的细节则不易搞清楚，因为人有思想。

所以说，管猪靠技术，管人靠艺术，猪是靠人来养的。没有管人的活艺术，死技术是不能起作用的，因此合格的养猪场管理者不仅要有管猪的技术，更要有管人的艺术。

◆知识链接

养猪是技术还是艺术

技术可以学习，艺术很难复制；小成功靠技术，大成功则靠艺术。100头猪自己养靠技术，1 000头以上猪靠雇人养，靠艺术。养100头猪是人管猪，养1 000头猪则是猪管人，即以猪为本，人性化管理，艺术化管人，让员工诚心为猪服务，让猪真心为人挣钱。

第四节　行政管理制度

一、档案管理

1. 归档范围

归档范围包括年度计划、任务计划、财务数据、生产记录、统计报表、报酬工资、结算结兑、人事档案、会议记录、决定、协议、合同、通知、通告等有存档价值的文件材料。

2. 专人管理

档案要指定专人负责管理，明确责任，凭证、原始材料及单据保存完整。

3. 档案的借阅与索取

（1）场长要通过管理人员办理借阅手续，借提档案。

（2）养猪场其他人员借阅档案时经场长批准，办理借阅手续。

（3）借阅的档案，须保持整洁，禁涂改、遗失，注意安全和保密，严禁擅自翻录、抄录、转借。借阅完毕要按时归档。

4. 档案的销毁

（1）任何组织或个人非经允许无权销毁档案材料。

（2）按规定，批准销毁的档案，制销毁清单，专人监督销毁。

二、印鉴管理

（1）单位印鉴由场长或场长指定的管理人员负责保管。

（2）对外发出的盖印鉴的任何文本，须经主管领导审核签字并统一编号登记，备查询、存档。

（3）因印鉴使用出现问题，批准人负责。

三、公文及报刊管理

（1）养猪场公文打印工作由场部负责。

（2）所有打印公文、文件，须留底存档一份。

（3）报纸、杂志每年度按场部要求做订阅计划及预算，公司批复办理。

（4）公文、文件、报纸、杂志等，由专职管理人员每日负责清收、登记、处理，送到有关部门及收阅人。

（5）任何人不得随意将公文、报纸挪作他用。需处理时，由场长批准。

四、办公及劳保用品的管理

1. 办公用品的购发

（1）每月月底前，主管责任人将所需办公用品制订计划及预算提交场部，场部报公司批复。

（2）负责签收的人员要做到规格一致、量足质优，妥善保管。

（3）签收人要建立账本，办好入库、出库手续。出库一定要由领用人签字。

（4）办公用品管理要做到文明、清洁，注意安全、防火、防盗。严格按照规章制度办事，不允许非工作人员进入库房，不得冒领。

2. 劳保用品的购发

劳保用品由场部根据养猪场实际需要报公司统一购买，统一发放。

第五节 门卫管理制度

一、门卫的职责规定

（1）养猪场生产及办公处所各种事故的预防、警戒及巡逻事项。

（2）进出场的外来人员及员工的管制，联络、登记事项。

（3）进出养猪场车辆的管制。

（4）物品查验、清洁、消毒及放行事项。

（5）防止盗窃，协助维持养猪场生产与办公秩序。

（6）临时交办事项的完成及处理工作。

（7）应绝对服从上级领导命令，切实忠于职守，不得徇私偏袒。

（8）严守工作岗位，不得擅离职守，不做与值班无关的事情。

（9）熟悉业务，文明守卫，积极妥善处理好职责范围内的一切业务。

（10）加强安全保卫，保守机密，不得向无关人员泄露养猪场内情况。

（11）管制入场人、物、车辆等，对未登记、未消毒或未办妥入场手续者，不准入场。绝对禁止携带违禁物品入场。

（12）遇特殊情况需换班或代班者，须经场长同意，否则，责任自负。

二、出入人员管理制度

（1）员工及获准进入的外来人员，应遵守养猪场各项卫生防疫及管理制度。

（2）外来人员除公事接洽外，一律谢绝入场。特殊情况须经场长批复。

（3）外来人员公办、参观、联系业务等，须经场长批准后至值班室办理入场手续，并联络有关负责人接待。否则，不得进入场区。

（4）养猪场人员离场，须有场长批复或指令，并做好离场时间等事项的记录。

（5）入场人员须经充分的紫外线照射、严格的脚踏、喷雾、洗手消毒及淋浴更衣等程序；否则，不得放行入场。见图 2.5、图 2.6。

图2.5 通过消毒通道前先洗澡

图2.6 通过喷雾的消毒通道

三、物品管理制度

（1）养猪场人员进场不准携带违禁品，违者，门卫有权扣留，同时报场部领导处置。

（2）养猪场人员进场所携带日常用品、行李及衣物等均应严格熏蒸灭菌消毒。

（3）进入生产区和猪舍要先洗澡和通过雾化消毒通道（图2.5、图2.6）。

（4）养猪场人员只准携带个人物品出场。经门卫查验，如有私带公物或他人物品嫌疑者，暂扣留物品，报场部处理。

（5）物品进出场，须凭公司或场部放行单或经请示领导同意后放行。

四、车辆管理制度

（1）养猪场业务车辆进场，须登记并经场部领导同意，必须通过消毒池的大门，按指定地点停放，并对车辆彻底消毒。如图2.7所示。

图2.7　车辆进场须通过设消毒池的大门

（2）进出养猪场车辆应一律检查，进场车辆应注意检查是否载有违禁危险物品，出场车辆载有货物时，应凭放行单查验无误后放行。

第三章 规模化养猪场财务管理

第一节 财务管理基础

一、岗位设置

会计具有核算、监督的双重职能。会计工作可根据工作任务的多少设岗，可一人一岗（大型养猪场）或一人多岗。一般有：会计主管、会计员（也可细分为材料会计、资产会计、工资会计、成本会计和稽核会计等）、记账员、出纳员，必要时可设总会计师。不同的工作岗位都要制定相应的责职范围与相应权限。所有会计人员要相互协作，共同做好会计工作。在设置会计工作岗位时，会计、出纳要分设，出纳不得兼管稽核、会计档案保管和收入、费用、债权、债务账目登记工作。从事会计工作的人员，必须取得会计从业资格证书。担任单位会计机构负责人的（会计主管人员），除取得会计从业资格证书外，还应当具备会计师以上专业技术职务或者从事会计工作三年以上经历。

二、会计账目制度

合理的规章制度是经营行为的规范和准则，也是进行经济核算的重要依据。会计制度一般包括总说明、会计科目及其说明、会计账簿的设置、会计凭证的格式、会计事项处理程序、成本计算规程、会计报表的种类与格式及其编制说明。

通常养猪场的科目设置要把影响养猪生产的饲料、医药、水电燃料费、饲养员工资、销售费用等主要支出事项单列，并与管理费用分设科目，大型集团养猪场如需要，也可设置不同级次的科目。养猪场常见的科目设置与编号见表3.1。

表3.1 养猪场常见的科目设置与编号表

收入类		支出类		结存类	
科目	编号	科目	编号	科目	编号
猪只销售	110	购猪费	211	现金	301
仔猪销售	111	生产直接支出	220	银行存款	302
育肥猪销售	112	饲料费	221	库存材料	303
种猪淘汰	113	医疗费	222	短期投资	304
种猪销售	114	配种费	223	固定资产	305
后备猪销售	115	饲养费	224	其他	310
固定资产	120	水电燃料费	225		
固定资产处理	121	销售费	226		
资产折旧	122	制造费用	230		
银行贷款	131	固定资产	231		
上级拨款	132	管理费	232		
专项资金	133	财务支出	233		
暂收款	134	劳保福利费	240		
暂付应收款	135	应付费	250		
猪粪出售	141	税金	260		
其他收入	151	其他支出			

第二节　财务计划的制订与控制

一、财务计划的制订

做好财务预算的前提是做财务预测，是企业未来的融资需求。财务预测应当展现未来的各种可能的前景，促使制订相应的应急计划，充分发挥财务指导生产、监督生产的功效。随着生产能力与销售能力的变化，流动资产也随之相应变动，当生产销售增加到一定范围时还需增加固定资产，这就需要筹措资金。要管理好养猪场，需要预先知道自己的财务需求，提前安排融资计划，否则，可能会发生现金周转匮乏问题。养猪场财务预算流程是：

计算固定费用——→计算变动费用——→进行市场预测
进行敏感分析←——计算目标利润销售量←——计算保本销售量。

现以北京某万头养猪场为例就财务计划制订做一示范，介绍财务计划的制订、分析方法。

北京某万头养猪场，饲养基础母猪 600 头，拥有固定资产 700 万元。根据 2009～2011 年 3 年的生产运行及财务状况的数据，制订 2012 年的猪场利润计划。

1. 分析此养猪场运行每年需要的固定费用

养猪场的固定费用一般包括：

（1）折旧费用：70 万元（固定资产：700 万元，综合折旧率 10%）。

（2）种猪价值摊销：24 万元（600 头种猪，购入原值 1 200 元/头，共 72 万元，按使用 3 年摊销）。

（3）上缴管理费：4 万元。

合计：98 万元，平均每月分摊固定成本 8.17 万元。

2. 计算此养猪场运行过程中每生产 1 头猪所需追加投入的变动费用（即单位变动成本）

正常生产运行情况下，出栏 1 头 90kg 育肥猪所需变动费用有（以下数据为 3 年均数供参考）：饲料费用：420 元；兽药费用：5 元；工资福利保险：20 元；水电燃料费：5 元；销售费：10 元；其他费用：14 元。合计：474 元，即每出栏 1 头猪的变动成本为 474 元。同理，出栏一头 50kg 重后备猪的变动费用为 450 元。

3. 根据市场形势估计销售价格与销售预测

根据市场分析预测，预计 2012 年 1 头育肥猪 90 kg 出栏时，每千克单价为 7.2 元，每头育肥猪销售单价为 648 元；每头 50 kg 后备猪单价为 1 000 元。

4. 保本分析

根据量本利分析原理做盈亏临界分析。盈亏临界点是指收入与成本相等时的生产状态，常用一定的业务量来表示。

盈亏临界点销售量＝固定成本÷（单价-单位变动成本）；

盈亏临界点销售额＝单价×盈亏临界点销售量。

根据市场形势，养猪场可能有以下几种情况：

（1）保守分析法：假设种猪市场较差，只好以销售育肥猪来维持经营。在售价、成本不变情况下，每头育肥猪售价为 648 元，则保本销售量（月）为：

$$81\ 700÷（648-474）=470（头）$$

保本销售额（月）为：

$$648×470=30.46（万元）$$

（2）乐观分析法：假设种猪销售数量大，且生产水平也较好的情况下，以销售种猪为主来维持运行。在售价、成本保持不变的情况下，若每头种猪售价 1 000 元，保本销售量（月）为：

$$81\ 700÷（1\ 000-450）=149（头）$$

保本销售额（月）为：

1 000×149＝14.90（万元）

（3）客观分析法：假设 2012 年计划销售后备猪 600 头。在正常生产时，平均每月销售后备猪 50 头。不足部分通过销售育肥猪来维持经营运行。在售价、成本保持不变情况下：设每头后备猪售价仍是 1 000 元，每头育肥猪售价为 648 元，则保本销售量为：

［81 700 －（1 000－ 450）×50］÷（648－474）＝312（头）

保本销售额（月）：1 000×50+648×312＝25.22（万元）

若 2012 年能够完成平均每月销售后备猪 50 头、育肥猪 312 头，达到 25.22 万元销售额，即可保本。

5. 计算目标利润销售量

如果还是计划销售 600 头后备猪，在售价、成本不变情况下，实现目标利润每月 3 万元，则目标利润销售量（月）计算如下：

每月销售 50 头种猪可负担固定成本数：

（1 000 － 450）×50＝2.75（万元）

每月需销售育肥猪以实现收入数：

8.17+3-2.75＝8.42（万元）

每月育肥猪销售量：84 200÷（648－474）＝484（头）

目标利润销售额（月）：1 000×50+648×484＝36.36（万元）

即当 2012 年完成销售 600 头后备猪、5808 头育肥猪的销售计划，达到年销售额 436.32 万元（36.36 万元×12 月）时，可实现利润 36 万元。

6. 敏感度分析

从上面的计算过程中可以看出，影响猪场实现利润的主要经济因素有 4 个：销售量、售价、变动成本、固定成本。每一因素的变化都可引起利润的变化，但其影响程度各不相同，通过敏感度分析，可以分析出 4 个因素对利润变化的影响程度。现以计算目标利润销售量为例加以分析。目标利润设定每月 3 万元，若售价、销售量、变动成本、固定成本各变动 1%，对利润产生的影响如表 3.2。

表 3.2 养猪场影响利润的主要因素敏感度分析表（单位：元）

影响利润因素	变动程度	预计销售成本	预计影响销售收入	绝对影响额	影响利润比率（%）
销售单价	+1%	484.5	97 869.12	97 869.12	27.17
销售量	+1%	484.38	43 584.00	13 392.00	3.72
变动成本	−1%	479.79	30 229.00	30 299.92	8.40
固定成本	−1%	483.22	8 170.00	8 170.00	2.27

从上表可以看出，对利润影响的敏感性从强到弱依次为：售价、变动成本、销售量、固定成本。当销售单价变动 1% 时，利润可变动 27.17%，提高售价是增加利润最好的办法，其后依次是降低变动成本、提高销售量、降低固定成本。因为涨价是提高盈利的最有效手段，价格下跌也将是企业最大威胁。所以当市场价格跌至一定程度时，企业负责人在尽量降低成本、压缩开支的同时，必须考虑依靠外部筹资来维持猪场的正常经营。

二、财务控制

1. 固定成本管理

养猪场的固定成本主要有圈舍新建与改造、设备维护与更新、种猪群体扩大与更新等。固定成本管理主要有两方面的内容：确定固定资产投资与强化现有资产利用。由于固定成本的投资是长期的，需要多年的使用才能转化为流动资金，因而加大固定成本时要选择适当时间、因地制宜发展。一般在养猪业效益比较高时进行圈舍与设备投资，在养猪业效益低时进行种猪投资。如猪群管理上：重点是搞好母猪的配种、产仔与仔猪转群、防病及育肥猪适时出栏工作。猪群管理的原始凭证包括产仔登记表、猪称重登记表、猪群周转登记表、死亡淘汰报告表、出售购入（调出调入）报告表等。根据生产基层（生产单位，组长，饲养员）填报的以上五种报表，填写猪群变动登记表和猪群变动月报表（表 3.3），做到猪群管理心中有数。

表 3.3　猪群变动月报表

项目	基础猪		仔猪 0~1 月		1~2 月幼猪		2 月以上肥猪	
	头数	重量	头数	重量	头数	重量	头数	重量
期初存栏	856	188 320	1 046	3 661	1 315	17 095	3 269	212 485
出生			1 014	1 521				
外购								
转入	56	6 160			962	3 367	886	11 518
捐赠								
增加小计	56		1 014	1 521	962	3 367	886	11 518
转出			962	3 567	886	11 518	56	6 160
种猪							200	17 830
出售肥猪							410	41 085
淘汰	44	7 980		581			60	2 709
死亡			166		70	910	37	2 405
自宰							6	600
减少小计	44	7 980	1 128	3 948	956	12 428	769	70 789
月末存栏	868	190 960	932	3 262	1 321	17 173	3 386	220 090
饲养日数	23 927		27 531		36 378		90 721	

2. 变动成本管理

变动成本的管理是根据生猪的生产状况来组织协调好各种生产要素，以有限的生产要素的投入获取最大的经济效益。猪场的变动成本主要是饲料、医疗、配种、水电、人员、低值易耗品、营销、管理等费用的支出。

饲料成本占用生猪生产总变动成本的 60%~85%。集约化程度较高的大型养猪业场，饲料成本所占比例稍低一些，普通养猪户或规模较小的专业户，饲料成本有可能占到养猪总成本的 90%以上。因此，整个养猪生产中，饲料的选择、配合、饲喂占有绝对重要的地位。养猪者应根据市场情况、所饲养的猪种、猪的大小，选择适当的饲料配方，用最低的成本自配或购买饲料。

劳动力成本管理的关键是对工作人员支付适当的报酬，并提供必要的培训，使其能够积极熟练地从事各自的工作。只有满意的员工，才会有满意的生产成果，要把对人的任用管理放在首位。

其他成本管理包括日常维修、供水、供电、供煤，甚至对养猪场的保险。这部分成本仅适用于大型专业户。对这些成本管理的目标是在保证猪群正常生产情况下，尽可能少地支出此类费用。

营销成本就是卖猪时所发生的各种费用，如运输费用、检疫费用等。养猪户应在遵守法律的前提下，尽可能降低各种营销费用。

低值易耗品与营销成本是人们容易忽视的，事实上，这部分费用的管理是很重要的。

第三节　财务核算

一、财产清查

财产清查是指对养猪场财务库存现金、银行存款和拥有实物的盘查。库存现金的清查内容是实地盘点的库存数与现金日记账的账面余额是否相等，是否有挪用、透支等现象。

二、成本核算

养猪场的产品成本核算，是在财务清查的基础上，把在生产过程中所发生的各项费用，按不同的产品对象和规定的方法进行归集和分配，借以确定各生产阶段的总成本和单位成本。产品成本核算是养猪场落实经济责任制，提高经济效益不可缺少的基础工作，是会计核算的重要内容。及时正确地进行产品成本核算，可以反映和监督各项生产费用的发生和产品成本的形成过程，揭示成本管理中的薄弱环节，不断挖掘降低成本的潜力，做到按计划使用人力、物力和财力，达到预期的成本目标。产品成本是反映养猪场生产经营活动的一个综合性经济指标。养猪场经营管理中各方面工作业绩都可以通过成本核算直接或间接地反映出来。因此，加强成本核算，有助于考核养猪场生产经营活动的经济效益，促进其经济管理工作的不断改善。产品成本是补偿生产耗费的尺度，也是制定产品价格的一项重要因素。

为了正确核算产品成本，使成本指标如实地反映产品实际水平，充分发挥成本的作用，养猪场在进行成本核算时，必须达到以下基本要求：

1. 合理确定成本核算的组织方式和核算方法

由于各养猪场生产规模、所有制形式的不同，也就形成了不同的生产组织方式、工艺过程和管理要求，这样，养猪场在进行成本核算时必须结合本场实际，正确确定成本核算体制、成本核算对象、成本计算期、成本中应包括的成本项目、归集和分配费用的方式以及费用和成本的账簿设置等，从而使养猪场的成本核算工作能充分体现各自的生产特点和经营管理的要求。

2. 认真做好产品成本核算的基础工作，保证成本核算资料的真实性

（1）建立饲料、兽药、猪只等各项财产物资的收发、领退、转移、报废、清查盘点制度。实物计量是成本费用核算的基础，为了正确计算成本费用，必须建立和健全各种实物收进和发出的计量制度及实物盘点制度，这样才能使成本核算的结果如实反映生产经营过程中的各种消耗和支出，做到账实相符。

（2）建立和健全原始记录工作。原始记录是反映生产经营活动的原始资料，是进行成本预测、编制成本计划、进行成本核算、分析消耗定额和成本计划执行情况的依据。养猪场对生产过程中饲料、兽药的消耗、低值易耗品等材料的领用、费用的开支、猪只的转群等，都要有真实的原始记录。原始记录的组织方式和具体方法，要从不同单位实际情况出发，既要符合成本核算和管理的要求，又要切实可行。

（3）严格计量制度，完善检测设施。成本核算必须以实物计量为基础，只有严格执行各种财产物资的计量制度，才能准确计算产品实物成本。准确计量实物必须具备一定的计量手段和检测设施，以保证各项实物计量准确性。因此，应当按照生产管理和成本管理的需要，不断完善计量和检测设施。

3. 确定成本计算对象与项目

（1）确定成本计算对象：养猪场生产成本核算可以实行分群核算，也可实行混群核算。实行分群核算是将整个猪群按不同生理阶段或饲养工艺划分为若干群，分群归集生产费用，分群计算产品成本。混群核算是以整个猪群作为成本计算对象来归集生产费用。在实际工作中，为了加强对猪场各阶段饲养成本控制和管理，便于分析饲养技术，在组织养猪场成本核算时大都采用分群核算法核算成本。具体划分办法有以下几种：

1）种猪群：指各种成年公、母和未断奶仔猪，包括配种舍、妊娠舍、产房。

2）育肥猪群：指育肥猪。

3）后备猪群：指育成猪、后备猪、鉴定猪。

4）仔猪群：指断奶仔猪。

（2）确定成本计算项目：计入养猪生产成本的项目主要有：

1）直接生产费用：包括直接材料（如饲料费用、燃料和动力费、医药费、低值易耗品、其他直接费等）、直接人工（如工资和福利费）、制造费用（如管理人员工资福利费、固定资产折旧费、固定资产修理费、种猪摊销费等）。

2）间接生产费：即需要进行分摊的费用，属于制造费用。主要包括共同生产费（含辅助生产费、种猪价值摊销等）、企业管理费、财务费用等。这些费用不直接计入产品生产成本，参与成本计算，而是按照一定期间（月份、季度或年度）进行汇总，直接计入当期损益。

3）制造费用：指猪场在生产过程中为组织和管理猪舍发生的各项间接费用及提供的劳务费。包括养猪场管理者及饲养员以外的其他部门人员的工资、奖金及津贴，以及按工资总额14%提取的福利费。司机出车补助、加班、安全奖也在此项反映。

4）燃料费：指养猪场耗用的全部燃料，包括煤、汽油、柴油等。

5）水电费：指养猪场耗用的全部水费、电费。

6）零配件及修理费：指养猪场维修猪舍、设备及其他部门发生的劳务费及耗用的零配件（包括运输工具的维修费、保养费）。

7）低值易耗品摊销费：指不能直接计入各猪群及其他部门的低值工具、器具和舍外人员的劳保用品的摊销额。

8）固定资产折旧费：指除计入"生产成本"以外的办公楼、设施、设备、车辆等固定资产的折旧费。

9）办公费：生产管理部门购置的办公用品等费用。

10）运输费：车辆的保险费、停车、过桥费等，以及租用货车费。

11）其他费用：不属于以上各项的间接费用。

（3）分摊间接成本费用：养猪场共同生产费用的摊派，可以不同猪群的饲养占舍面积、直接生产人员数、饲料使用额等按比例分配。企业管理费通常采用利润比分配的办法。财务费用可按猪群的实际利用资金额来确定比例。

（4）分配待摊费用与预提费用：养猪场种猪费用一般作为待摊费用，其分配比例可按全年断奶仔猪数分配。预提费用通常用在大修理、大防疫的工作中，可根据实际使用范围进行分配。

4. 成本核算的计算

（1）分群饲养成本的计算：

1）增重成本指标的计算：增重成本是反映养猪场经济效益的一个重要指标。由于基本猪群的主要产品是母猪繁殖的仔猪及由此而来的生长猪、育肥猪，衡量其生产性能的指标主要是增重量。

仔猪增重成本计算公式：

仔猪增重单位成本（元/kg）=（费用合计-副产品价值）÷仔猪总增重量

仔猪总增重量（kg）=期末活重+本期离群活重+本期死亡重量-期初活重-本期出生重量

仔猪繁殖与增重单位成本（元/kg）=（基本猪群饲养费合计-副产品价值）÷（仔猪出生活重量+仔猪增重量）

生长猪、育肥猪增重成本计算公式：

某猪群增重单位成本（元/kg）=（该猪群饲养费用合计-副产品价值）÷该猪群增重量

该猪群增重量（kg）=期末活重+本期离群活重+本期死亡重量-期初活重-本期转入重量

2）活重成本指标的计算公式：

某猪群活重单位成本（元/kg）=该猪群活重总成本÷该猪群活重量

某猪群活重总成本＝该猪群饲养费用合计+期初活重总成本+转入总成本-副产品价值

　　某猪群活重量（kg）＝该猪群期末存栏活重+本期离群活重（不包括死猪活重）

　　3）饲养日成本指标的计算　饲养日成本是指一头猪饲养一日所花销的费用，是考核、评价猪场饲养费用水平的一个重要指标。计算公式为：

　　某猪群饲养日成本（元/kg）＝该猪饲养日费用合计÷该猪群日饲养头数

　　饲养日头数是指累计的日饲养头数，一头猪饲养一天为一个头日数。计算某猪群日饲养头数可以将该猪群每天存栏相加即可得出。

　　（2）混群管理的成本计算：全群核算指标与分群核算指标的关系：

　　全群核算期初存栏头数（重量）＝各群期初存栏头数（重量）之和；

　　全群核算期内增加头数（重量）＝期内繁殖头数（重量）+幼猪群、肥猪群购入头数（重量）；

　　全群核算期内死亡头数（重量）＝各群死亡头数（重量）之和；

　　全群核算期内销售头数（重量）＝各群（幼猪群、肥猪群）外销头数（重量）之和；

　　全群核算期内转出头数（重量）＝肥猪群转入基本猪群的种猪头数（重量）；

　　全群核算期末存栏头数（重量）＝各群期末存栏头数（重量）之和；

　　全群核算本期猪群增重量＝各群增重量之和；

　　全群核算本期猪群活重量＝各猪群活重量之和；

全群核算饲料消耗总量＝各群饲料消耗量之和；

全群核算饲料转化率：

全群核算直接费用合计＝各群饲养费用合计之和；

全群核算生产总成本＝全场在本期内的发生费用之和；

全群核算单位增重成本、单位活重成本，按公式逻辑关系计算；

全群核算期末活重总成本＝各群期末活重成本之和（采用固定价情况下）。

第四章 规模化养猪场统计报表制度

一、统计员的工作

统计员由场部确定，其考核由场部考核小组考核，考核办法另行制定。统计员应本着高度负责的态度，认真做好统计基础资料的收集整理工作，根据公司财务中心及场部下达的报表格式，按时报送有关统计报表，不得自行更改有关专用名称和指标。如需要变更，应报场部和公司财务中心批准后进行。

二、报表统计时间及报送时间

日报统计期间为前日 16：00 至当日 16：00，上报时间为当日 16：00 至 17：00。月报统计期间为自然月，上报时间为下月 1 日前，逢节假日提前。

三、养猪场采取分群统计

猪群根据生产特点划分为：

（1）哺乳仔猪（出生到断乳 28 日龄）预计至 7kg。

（2）保育小猪（28~63 日龄）预计 7~30kg。

（3）生长中猪（63~112 日龄）预计 30~60kg。

（4）育肥大猪（113 日龄至出栏）预计 60~90kg。

（5）后备猪（留作种用公母猪）。

（6）种公猪（投入使用的种用公猪）。

（7）种母猪（投入使用的种用母猪）。

四、养猪场统计报表分日报、周报和月报

根据报送要求报送场部和公司财务中心，并留存一份。

养猪场报表（日报、周报、月报）如下：

（1）配种妊娠舍报表。

（2）怀孕母猪生产报表。

（3）母猪终生配种记录卡。

（4）公猪配种记录。

（5）配种记录报表。

（6）配种妊娠车间报表。

（7）人工授精周报表。

（8）分娩舍仔猪生产报表。

（9）分娩舍产仔情况记录表。

（10）分娩母猪生产报表。

（11）仔猪生产情况登记卡。

（12）母猪终生产仔记录卡。

（13）保育仔猪生产报表。

（14）生产育成猪生产报表。

（15）育肥猪生产报表。

（16）生产情况统计报表。

五、养猪场其他报表

（1）疫苗、药品记录表。

（2）物品记录表。

（3）饲料记录表。

（4）免疫记录表。

（5）消毒记录表。

（6）物品计划表。

六、公司（养猪场）报表

（1）生猪进销存日报表。

（2）生猪存栏价格评估表。

（3）收支日报表。

（4）原料领用存日报表。

（5）成品料领用存日报表。

（6）药品领用存日报表。

（7）低耗品领用存日报表。

（8）生产情况统计表。

（9）养猪场预算表。

七、报表的设计

养猪场日常生产记录表格由统计员根据生产特点自行设计，经场部批准后执行。统计报表是反映猪场生产管理情况的有效手段，是上级领导检查工作的途径之一，也是统计分析、指导生产的依据。因此，认真填写报表是一项严肃的工作，养猪场场长、生产技术主管以及饲养技术人员都应予以高度的重视。各生产车间应做好各种生产记录，并准确、如实地填写场部要求的各种报表，交到上一级主管，查对核实后，及时送到场部和公司财务中心，并输入电脑。

第五章 规模化养猪场的生产技术管理

第一节 规模化养猪场生产工艺流程

规模化养猪场生产工艺流程中，原种猪场、种繁场和商品猪场各有特点。

一、原种猪场

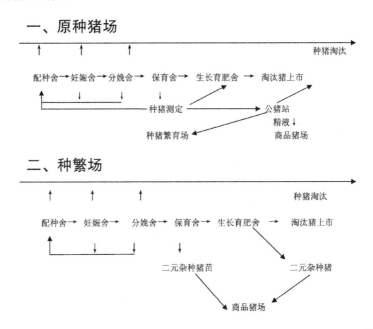

二、种繁场

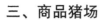

三、商品猪场

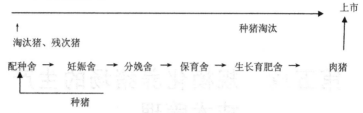

四、纯繁与杂交繁育体系

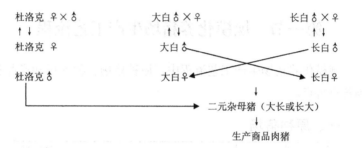

第二节 规模化养猪场主要生产指标

一、生产指标

养猪场主要生产指标如表5.1所示。

表5.1 养猪场主要生产指标

项目/品种	杜洛克	长白或大白	长大或大长	三元杂
	D	L 或 Y	LY 或 YL	DLY 或 DYL
配种受胎率（%）	88	90	92	95
配种分娩率（%）	95	96	97	98
母猪年产胎次（窝）	2.2	2.2	2.2	2.2

续表

项目/品种	杜洛克	长白或大白	长大或大长	三元杂
	D	L 或 Y	LY 或 YL	DLY 或 DYL
胎均产仔数（头）	8.5~10.5	9.0~10.5	9.5~12	10~11.5
胎均产健仔数（头）	8.0~9.5	8.5~10.0	9.0~10.5	9.5~11.0
初生个体活重（kg）	1.2~1.4	1.2~1.4	1.2~1.4	1.2~1.4
胎均断奶仔数（头）	7.5~9.0	8.5~9.5	8.5~10.0	9.0~10.5
28日龄个体重（断奶）（kg）	7.0	7.0	7.0	7.0
9周龄个体重（保育）（kg）	22.0	22.0	22.0	22.0
16周龄个体重（生长）（kg）	60.0	60.0	60.0	60.0
24周龄个体重（育肥）（kg）	90.0~100	90.0~100	90.0~100	90.0~100
断奶猪成活率（%）	93.0	93.0	93.0	93.0
保育猪成活率（%）	97.0	97.0	97.0	97.0
生长猪成活率（%）	98.0	98.0	98.0	98.0
育肥猪成活率（%）	99.0	99.0	99.0	99.0
妊娠期（日）	114	114	114	114
哺乳期（日）	28	28	28	28
保育期（日）	35	35	35	35
母猪断奶至受胎（日）	7~14	7~14	7~14	7~14
繁殖周期（日）	149~163	149~163	149~163	149~163
日均增量 初生至28日龄（克）	207	207	207	207
28~63日龄（克）	428	428	428	428
63~112日龄（克）	775	775	775	755
112~168日龄（克）	816	816	816	816
料肉比 初生至28日龄	0.3:1	0.3:1	0.3:1	0.3:1
28~63日龄	1.6:1	1.6:1	1.6:1	1.6:1
63~112日龄	2.8:1	2.8:1	2.8:1	2.8:1
112~168日龄	3.2:1	3.2:1	3.2:1	3.2:1
育肥料肉比	2.6:1	2.6:1	2.6:1	2.6:1
全群料肉比	3.3:1	3.3:1	3.3:1	3.3:1
母猪年更新率（%）	33	33	33	33
公猪年更新率（%）	35~40	35~40	35~40	35~40

说明：上表仅提供一个参照数据，应根据不同品种、性能特点及生产实际而确立。

二、每头生产母猪年费用（概算）

每头生产母猪每年的大概费用如表 5.2 所示。

表 5.2　每头生产母猪年费用（概算）

项目/费用	元/头	说明
饲料费	3 450	约用 1 150kg，3 元/kg（包括分摊公猪费用）
种母折旧	300	含公猪折旧分摊，按每年 2 窝共 5 窝折算
福利健康	300	保健防疫等
工资分摊	340	前期分摊 280 元，后期分摊 60 元
设备折旧	60	猪舍、工具、栏位等
财务费用	20	
其他	30	水电、物品、办公杂支
合计	4 500	

三、每头断奶仔猪分摊母猪费（概算）

每头断奶仔猪分摊母猪的费用如表 5.3 所示。

表 5.3　每头断奶仔猪分摊母猪费（概算）

（单位：元/头）（公式：母猪全年费用÷年断奶仔猪数）

分摊费用 窝产活仔数 \ 年产窝数	2.5	2.2	2.1	2.0	1.9	1.8
11	173	196	205	215	227	239
10.5	200	209	219	230	243	256
10	196	225	235	247	260	275
9.5	214	242	253	266	280	296
9	237	264	277	291	306	323

四、母猪年产断奶仔猪数（概算）

母猪年产断奶仔猪的数量如表5.4所示。

表5.4　母猪年产断奶仔猪数（概算）

（单位：元/头）（公式：断奶仔猪数=窝数×窝活仔数×成活率）

年产窝数 分摊费用 窝产活仔数	2.5	2.2	2.1	2.0	1.9	1.8	成活率
11	26	23	21.95	20.90	19.86	18.81	0.95
10.5	24.4	21.48	20.51	19.53	18.55	17.58	0.93
10	23	20.02	19.11	18.20	17.29	16.38	0.91
9.5	21	18.6	17.76	16.91	16.06	15.22	0.89
9	19	17.03	16.25	15.48	14.71	13.93	0.86

五、肉猪一生费用（概算，元/头）

1. 肉猪一生耗料

肉猪一生所耗料的费用如表5.5所示。

表5.5　肉猪一生耗料

阶段	日龄	饲喂天数 （天）	体重 （kg）	料型	每天耗料 （kg）	阶段耗料 （kg）	所占比例 （%）
哺乳期	1~28	28	7	乳猪料	0.1	2	1
保育期	29~49	21	14	仔猪料	0.6	12	5
小猪期	50~79	30	30	小猪料	1.1	33	14
中猪期	80~119	40	60	中猪料	2.0	80	33
育肥期	120~160	41	90	大猪料	2.8	115	47
合计		160				242	100

注：饲料平均每千克价格为4元，总耗料费用约1 000元/头。

2. 肉猪一生中其他费用（概算，元/头）

保健医药 30 元/头；水电疫苗费 20 元/头；正常淘汰分摊 20 元/头；工人费用 40 元/头；其他费用分摊 25 元/头。合计：一生费用共 135 元/头。

两项合并，肉猪一生费用需 1 135 元/头。

第三节　规模化养猪场应用计算公式

一、应用计算公式

1. 各类猪每日喂料计算公式

（1）仔猪的最大日采食量 = $T \times 0.013 \div$（1-消化率）（$T \rightarrow$ 体重，$0.013 \rightarrow$ 系数，消化率 $\rightarrow$ 一般为 90%）

例如：6kg 体重的仔猪计算结果日采食量为 0.78kg。

（2）育肥猪：15~30kg = $T \times 0.045$，30~60kg = $T \times 0.04$，60kg 以上 = $T \times 0.035$。

（3）后备母猪：前期（80kg 前）= $T \times$（2.5%~3%），后期（80kg 后）= $T \times$（2%~2.5%）。

（4）哺乳母猪：

1）定量（2.5kg）+变量（X：仔猪数）×0.25（系数）。

2）T（kg）×1%+（0.4~0.5）×X。

3）原饲喂标准+0.14×X。

4）8 头仔猪数为 4kg，8 头以上每多一头+0.5kg。

2. 需水量计算公式

冬季=采食饲料（kg）×3，夏季=采食饲料（kg）×（4~5）。

3. 猪舍的适宜温度计算公式

$T℃ = -0.06 \times T$（体重）+26（系数）。

如：15kg 体重的猪适宜温度为 25.1℃。

4. 育肥猪出栏天数计算公式

30kg 体重所需天数×2。

如：一头猪达 30kg 体重时是 75 天，则这头猪出栏天数（100kg 时）应为 150 天。

二、500 头基础母猪年饲料用量计算（kg）

500 头基础母猪的年饲料用量计算见表 5.6。

表 5.6　500 头基础母猪年饲料用量计算（kg）

	每头耗料量（kg）	头数	饲料（kg）	所占比例（%）
哺乳母猪	250	500	125 000	4.3
空怀母猪	80	500	40 000	1.4
妊娠母猪	620	500	310 000	10.6
哺乳母猪	2	10 700	21 400	0.7
保育猪	12	10 300	123 600	4.2
小猪	33	10 100	333 300	11.4
中猪	80	10 100	808 000	27.5
大猪	115	10 000	1 150 000	39.2
公猪	900	20	18 000	0.6
后备猪	240	160	4 800	0.2
合计			2 934 100	100

三、猪只每日喂料参考标准

各阶段猪每日的喂料标准见表 5.7。

表 5.7　猪每日喂料参考标准

阶段	饲喂时间	饲料类型	喂料量 kg/（头·日）
后备	50~90kg（15~22 周龄）	种猪料	2.5~3.0
	90kg 至配种（22 周龄后）	妊娠前期料	2.3~2.5
妊娠前期	0~28 天	妊娠料	1.5~2.2
妊娠中期	29~85 天	妊娠料	2.0~2.7
妊娠后期	86~107 天	妊娠料、哺乳料	2.5~3.5
产前 7 天	107~114 天	哺乳料	2.0~3.0
哺乳期	0~28 天	哺乳料	4.5 以上
空怀期	断奶至配种	哺乳料	2.5~3.0
种公猪	配种期	公猪料	2.5~3.0
乳猪	初生至 28 日龄	人工乳、乳猪料	0.18
保育仔猪	29~49 日龄	保育仔猪料	0.47
	49~63 日龄	保育仔猪料	1.10
生长仔猪	64~112 日龄	生长料	1.90
育肥猪	113~168 日龄	育肥料	2.25

第四节　种猪淘汰标准

一、种母猪淘汰标准

（1）后备母猪超过 8 月龄以上不发情。

（2）断奶母猪连续两个情期以上不发情。

（3）母猪连续两次、累积三次妊娠期习惯性流产。

（4）母猪配种后复发情连续两次以上的。

（5）青年母猪第一、二胎活产仔猪窝均 6 头以下的。

（6）经产母猪累计三产次产健仔猪窝均 6 头以下的。

（7）经产母猪连续二产次、累计三产次哺乳仔猪成活率低于 60%。

（8）哺乳能力差、咬仔、经常难产的母猪。

（9）经产母猪 7 胎以上的，且 7 胎的胎均活产仔数低于 8 头的。

二、种公猪淘汰标准

（1）后备公猪超过 10 月龄以上不能使用的。

（2）公猪连续两个月精液检查不合格的。

（3）后备猪有先天性生殖器官疾病的。

（4）由于其他原因而失去使用价值的种猪。

（5）发生普通病，连续两个疗程而不能康复的种猪。

（6）发生严重传染病的种猪。

第五节 规模化养猪场猪只适宜温度

一、适宜温度（含湿度）

规模化养猪场猪只的适宜温度见表 5.8。

表 5.8 猪只适宜温度

猪类别	年龄	最佳温度（℃）	适宜温度（℃）	适宜相对湿度（%）
仔猪	初生几小时	34～35	32	60～70
	一周内	32～35	1～3 日龄 30～32	
			4～7 日龄 28～30	
	2 周内	27～29	25～28	
	3～4 周	25～27	24～26	
保育猪	4～8 周	22～27	20～21	65～75
	8 周后	20～24	17～20	
育肥猪		17～22	15～23	75～85
公猪	成年公猪	23	18～20	75

猪类别	年龄	最佳温度（℃）	适宜温度（℃）	适宜相对湿度（%）
母猪	后备及妊娠母猪	18~21	18~21	70
	分娩后 1~3 天	24~25	24~25	70
	分娩后 4~10 天	21~22	24~25	70
	分娩 10 天后	20	21~23	70

二、温度对猪只的影响

1. 有效温度意义重大

有效温度是指猪体对周围温度的感觉，是个主观的感受。影响有效温度有诸多因素，主要有湿度、风速和垫料。如风速降温虽然常用，但我们必须了解到，猪体汗腺很少，很难通过风速蒸发散热，所以，一旦空气温度超过猪的体温，风扇不会起到降温作用，也就是说气温一旦超过38℃，就必须用其他的降温措施。这一点对公猪更要注意，因为公猪的睾丸的温度一般要低于体温2~3℃，当温度高到一定程度时，虽猪体还能承受，但睾丸内的精子会很快死掉。这就是炎热夏季，公猪配种力差，母猪受孕率低的原因之一。

2. 垫料对猪的有效温度影响很大

垫料是猪直接接触的物体，垫料的导热性能对猪体的有效温度影响很大。不同的地面对猪的有效温度是不同的（表5.9）。

表5.9 不同地面类型对有效温度的调整

地面类型	对有效温度的调整
湿的水泥地面	-10℃
干的水泥地面	-5℃
垫草水泥地面	+4℃
漏缝地面	-2℃
木板和塑料地面	+5℃

注：在同样的空气温度时，猪躺在木板上时的有效温度要高5℃，躺在潮湿的水泥地面时的有效温度要低。所以养猪时，选择一种好的垫料，可以在舍温不变的情况下提高猪的有效温度，既有利于猪的保温，也有利于节省成本。特别是从网床上转到地面饲养的生长猪，如果直接放在水泥地面，对猪的影响是非常大的，如果地面还是潮湿的，那影响就更大了，这一点对初生仔猪尤为重要。

3. 温度对猪增重的影响

温度对猪增重的影响见表5.10。

表5.10 温度对育肥猪日增重的影响

温度（℃）	日喂量（kg）	平均日增重（kg）	饲料报酬
0	5.06	0.54	9.37
5	3.75	0.53	7.08
10	3.49	0.80	4.36
15	3.22	0.85	3.79
25	2.62	0.72	3.64
30	2.21	0.44	5.02
35	1.15	0.31	4.87

结论：

（1）饲料利用最佳温度是25℃。

（2）育肥猪生长速度最佳温度是20℃。

（3）离最佳温度越远对生产性能影响越大。

4. 温度对育肥猪的影响

（1）低温的影响：低温要增加采食量，吃多膘不增。当猪处于下限临界温度时，每下降1℃则日增重减少11~22g，饲料则多消耗20~30g。

如一头40~50kg的育肥猪，在10~15℃时，日均采食量为2~2.5kg，日增重为0.6~0.65kg；当温度下降到5℃时，日增重为0.4kg；0℃时日增重只有0.2kg；当下降到-10℃时，则日增重为-0.2kg。

（2）高温的影响：当猪处于上限临界温度时，每增高1℃时，日增重减少30g，饲料消耗增加60~70g。

如一头40~50kg的育肥猪，当温度升高到30℃时，日增重为0.4kg；升高到35℃时，日增重为0.2kg；升高到38℃时，日增重为-0.2~ -0.6kg。

5. 温度对仔猪的影响

温度对仔猪的影响不单纯是日增重和饲料利用率的问题，而是会引起仔猪患病甚至死亡。初生仔猪如果温度过低，常出现冻死现象；有些猪尽管看起来没有冻死，但由于低温引起的低血糖，则会使猪抵抗力大大下降，成为易发病猪群。图5.1猪舍中虽有红外灯，但猪床漏缝，保暖效果仍不好。

按图5.2、图5.3、图5.4操作可提高保暖效果。

哺乳仔猪如遇到低温，则容易引起消化不良和腹泻。仔猪腹泻最主要的外界致病因素是：寒冷、潮湿、卫生差。低温是最主要的因素。低温引起腹泻有两个原因，一是仔猪体脂较少，二是仔猪相对散热面积大，仔猪为应对低温刺激会出现功能失调，胃肠蠕动减缓，出现消化不良，长时间的消化不良会导致胃肠道损伤，从而引起病原体侵入，引起严重腹泻。

温度对断奶仔猪的影响更大，断奶后减重和腹泻是最常见的问题。一方面仔猪断奶时应激因素多，使猪抵抗力下降；另一方面是

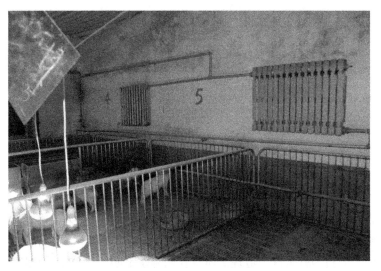

图 5.1 上暖下凉，保暖效果不好

图 5.2 合理铺垫保暖箱

仔猪断奶时，往往吃进的食物量很少，只能消耗体组织，这样对温度的要求会更高。所以我们提出在仔猪断奶时把温度提高2~3℃，以缓解断奶应激，这一办法在生产上已经收到良好的效果。

图5.3 保暖箱位置   图5.4 合理保暖

6. 温度对公猪的影响

温度对公猪的不利影响主要是夏季高温，过高的环境温度会导致公猪睾丸散热困难，因睾丸温度过高而引起精子代谢加强，死亡速度加快，因而，我们经常发现的在高温季节公猪常出现死精、弱精等就是这个道理。所以在高温季节必须给公猪采取降温措施，具体措施我们将在以后的内容中讲述。

温度对公猪的影响不单是季节因素，任何一个刺激性因素如疾病、剧烈活动、刺激性疫苗的注射等，都会使公猪体温升高，同样会影响公猪精子活力。

7. 温度对母猪的影响

温度对母猪的影响也主要是高温环境会引起母猪发情不正常，经常出现的症状是母猪发情推迟、发情特征不明显。

高温会使妊娠后期母猪死胎数量明显增加，这是因为母猪妊娠后期代谢旺盛，遇到高温时散热困难，体热蓄积在体内，影响胎儿的正常生长发育。严重者，妊娠母猪会因热量无法排出而导致死亡。

高温对哺乳母猪的影响主要是影响采食量，从而使母猪奶水分泌减少。所以每年夏天的仔猪断奶体重较其他季节低很多。其他季节28天仔猪断奶可达7.5kg，而七八月只能达到6.5kg，断奶体重减少1kg左右，这正是高温的危害。

三、保暖设施及应用

1. 煤炉

普通燃煤取暖设施，常应用于天气寒冷而且块煤供应充足的地区，即使用的燃料是块煤。优点是加热速度快，移动方便，可随时安装使用。在猪舍使用时用于应急较好，必须安装排烟筒。

2. 蜂窝煤炉

使用燃料为蜂窝煤，供热速度和量较煤炉慢而少，但因无烟、使用方便，在全国许多地区使用。优点是移动方便，可随时安装使用，应急时有时不必安装烟筒，比煤炉更方便。

3. 火墙

在猪舍靠墙处用砖等材料砌成的火道，因墙较厚，保温性能更好些。火墙在较寒冷地区较多。如果将添火口设在猪舍外，还可防止煤烟或灰尘等的不利影响。

4. 地炕

将猪舍下方设计成火道，火在下方燃烧时，地面保持一定的温度。因为热量是由下向上散发的，火炕既可保持适宜的温度，还可在猪舍温度较低时使猪的有效温度提高，大大节约成本。另外，还可以把地炕设计成烧柴草形式，燃料为廉价的杂草或庄稼秸秆，可使成本降到更低。在秸秆丰富的农区，小型猪场人力充足，这种形式是非常实惠的。

5. 地暖

类似地炕，但不同之处是在水泥地面中埋设循环水管，需要供暖时，用锅炉将水加热，通过循环泵将热水打进水泥地面中的循环水管，使地面温度升高。这一方法在许多养猪场使用，效果非常好，而且不占有地面面积，老式猪舍也很容易改建。如果在水泥地面下铺设隔热垫层，防止热量散发，效果更好。

6. 水暖

同居民使用的水暖，但因猪场一般都处于低位，暖气片的热量是向上升的，取暖效果一般，而且投资大，占地面积也大，使用量正在减少。

7. 气暖

同水暖，供热速度更快，容易达到各种猪舍对温度的要求。不足之处是对锅炉工要求较高，不适于小型养猪场使用。

8. 塑料大棚

这是农户养猪使用最普遍的设施，投资小，使用方便。

9. 空调

投资大，费用高，只能应急使用。

10. 热风机

热风机也叫畜禽空调，是将锅炉的热量通过风机吹到猪舍，舍内温度均匀，而且干净卫生，价格也较空调便宜得多，许多大型养猪场使用。

电热板使用很普遍，如图5.5所示。

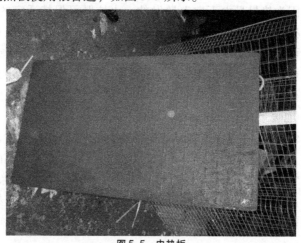

图5.5　电热板

11. 红外线灯

红外线灯是局部供暖的不错选择，适合应急使用。特别是在新转入猪群中使用，容易操作，很受饲养者欢迎。

表 5.11 是几种取暖设施的比较。至于选择哪种采暖设施，则要根据自身条件确定。

表 5.11　各种采暖设施效果比较

	是否容易办理	效果	成本	使用方便程度
煤炉	是	一般	低	难
蜂窝煤炉	是	不好	低	难
火墙	猪舍设计好	好	中	难
地炕	猪舍设计好	很好	中	中等
地暖	猪舍设计好	很好	中	中等
暖气	是	一般	一般	中等
塑料大棚	是	不好	低	方便
空调	是	最好	高	方便
热风机	是	最好	高	方便

四、常用降温设施及应用

1. 水帘

水帘降温是在猪舍一方安装水帘，另一方安装风机，风机向外排风时，从水帘一方进风，空气在通过水帘时温度降低，这些冷空气进入舍内使舍内空气温度降低。这是养猪场使用效果较好的一种降温方式，一方面温度降低了，另一方面空气流通加强了，也相应降低了猪的有效温度，如图5.6所示。

2. 喷雾

把水变成很细小的颗粒，也就是雾，在下落的过程中不断蒸发，吸收空气中的热量，使空气温度降低。最简易的办法是使用扇叶向上的风扇，水滴滴在扇叶上被风扇打成雾状；这种设施辐

图 5.6　降温所使用的水帘

射面积大，在种猪舍和育肥猪舍使用效果不错。

3. 遮阴

利用树或其他物体将直射太阳光遮住，使地面或屋顶温度降低，相应降低了舍内的温度。

4. 淋水

将水直接淋到猪身上，一方面水温比猪体温低，可起到降温作用；另一方面水落到猪体会蒸发吸热，使猪体周围空气温度降低。

5. 风扇

气流可加速猪体周围的热空气散发，较冷的空气不断与猪体接触，起到降温作用。图 5.7 为屋顶排风扇。

6. 减小密度

将猪群密度降低，猪群热源减少，散热更快，起到降温作用。减小密度一般用于密度较大的猪群，如大体重育肥猪群和怀

图 5.7　屋顶排风扇

孕后期的定位栏母猪。一些养猪场夏季在舍外建部分简易的敞圈（只有四周的栏杆和遮阳防雨的顶棚，投资很小），使用时将密度大的妊娠或空情母猪或者大体重育肥猪选取部分放到敞圈，既减少了舍内的密度，同时敞圈因通风好，在敞圈的猪也不会出现问题。猪群密度大，对猪的健康不利（图 5.8）。

7. 空调

特殊猪群使用，温度适宜，只是成本过高，不宜大面积推广，现多用于公猪舍。

8. 水池

有些猪场结合猪栏两端高度差较大的情况，将低的一头的出水口堵死，可以积存大量的水，猪热时可以躺到水池中乘凉，有一定的降温效果。水源充足的地区，不停地更换凉水，效果更

图 5.8　猪群密度过大

好。一些养猪场使用的水厕所，也能起到同样的作用。

9. 滴水

水滴到猪体然后蒸发，吸收猪体热量，从而起到降温作用。

10. 加大窗户面积

加大窗户面积，可以加大空气流通，通过气流散热。这种原始的降温方式，效果仍值得肯定，而且成本低，仍应提倡。

11. 降低水、料温度

这是参考人在炎热时喝冰镇啤酒或吃凉粉等可以解暑的原理，给猪吃或喝进温度低的食物和水，也可以起到降温作用。这一办法用在哺乳母猪身上效果很好，方法是建一个地下储料或加工室，将加工好的湿拌料放在温度较低的地下室储存，喂料时取出。使猪吃到凉的食物，饮凉的深井水，可以大大提高母猪采食量。

12. 地冷

类似地暖，但不同之处是在水泥地面中埋设循环水管，需要供冷水，通过循环泵将冷水打进水泥地面中的循环水管，使地面温度降低。这一方法在许多养猪场使用，效果非常好，而且不占用地面面积，老式猪舍也很容易改建，效果更好。

表 5.12 中，各种降温设施各有优缺点，各养猪场可根据本场具体条件选用。

表 5.12　几种降温设施效果比较

	是否容易办理	效果	成本	使用方便程度
水帘	难	好	高	方便
喷雾	易	好	低	不便
遮阴	难	一般	低	不便
淋水	易	好	低	不便
风扇	易	一般	低	方便
减小密度	难	一般	低	不便
冷风机	易	好	高	方便
空调	易	好	高	方便
地冷	易	好	低	中等

◆ 知识链接

成功养猪以小窥大五五论

1. 养好五头猪：不论养猪场规模大小，都养五头猪：公猪、母猪、哺乳仔猪、断奶仔猪、育肥猪。只有根据它们的生理特点、抗病能力、生产性能、发病规律，采取有针对性的措施，才能把猪养好。

2. 防好五种病：纵然养猪场的疾病繁多，按其分类只有五种病：细菌病、病毒病、寄生虫病、霉菌毒素中毒和血虫病。只要防好这五种病，养猪场就能健康发展。

五、降温应注意的事项

降温效果经常会受到各种因素的影响，下面是几种容易出现的影响因素：

1. 水帘的封闭严度

水帘降温是进风通过水帘时吸收热量，但如果风不从水帘处进，那就没有降温效果了。因为水帘降温的猪舍一般较长，中间有许多窗户，如果窗户未关严，那么进风会走短路。而从窗户吸进的风不是已降温的空气，而是外面更热的空气，不但不能使空气温度降低，还会使局部温度升高。所以要用水帘降温时必须将其他所有的进风口关严，以防短路（图5.9）。

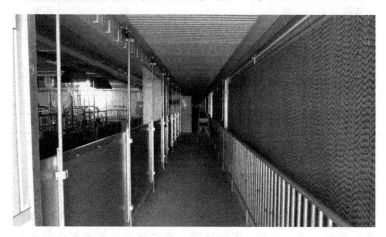

图5.9 水帘安装要保证密闭性

2. 水降温时的供水与排水

使用水降温时，用水量是非常大的，如果猪场水源不充足，或者高温季节电力供应不足，都会使水供应不足，影响降温效果；这个现象在许多猪场出现过，尽管有先进的设施，却起不到作用。

3. 风扇（吊扇）风吹到的地方才降温

风扇降温是风吹到猪身上才有降温效果，而风吹不到的或风很弱的区域则没有效果或效果不理想，特别是使用高吊扇时，如果一个风扇负责几个猪栏，那会对部分猪起不到降温效果。使用风扇时必须注意风是否能吹到猪身上（图5.10、图5.11）。

图 5.10　猪舍室内单扇式排风扇安装位置

4. 遮阴时的空气流通

养猪场种树或使用其他遮阴物，可以阻挡阳光直射，但因遮阴物占用空间较大，往往影响空气流通，如果再遇上猪舍窗户面积小，猪舍的空气就无法流动，造成舍内空气不洁和污浊（图5.12），大密度猪群自身产生的热量却无法排出，仍处于高温状态。所以使用遮阴降温时，必须配合加大窗户面积，或使用风扇降温；否则出现闷热天气时，猪群会受到很大的伤害。

5. 窗户的有效面积（高低大小、舍间距、挡风物）

窗户的作用一是采光，二是通风。现在许多猪场只考虑采光

图 5.11　猪舍内双扇式排风扇安装位置

而不考虑通风，这在使用铝合金推拉窗户时最明显，通风量只相当于窗户面积的一半，无法进行有效的通风。另外，窗户的位置对通风效果也有影响，一般情况下，位于低层的进风口通风效果更好，在夏天，地窗的作用就远大于普通窗户。所以建议养猪场在使用推拉式铝合金窗户时，高温季节应将窗扇取下，以加大通风面积；如果给每栋猪舍预留部分地窗，夏天时拆开使用，冬季时堵住，既不增加成本，也不会影响冬季保暖，又起到了夏季降温的作用，一举多得。

6. 哺乳猪舍的降温

哺乳猪舍降温是夏季降温的最大难题，因为猪舍里既有怕热的母猪，还有怕冷的仔猪，而且仔猪还最怕降温用的水，这使得许多降温设施无法使用，这样就很难获得温度适宜、不影响母猪采食的效果。过去提倡的滴水降温，因水滴不易控制效果也不

图 5.12 猪舍内空气污浊

好；针对哺乳母猪的降温，笔者认为下面的措施可以考虑。

（1）抬高产床，加大舍内空气流通：产床过低时，容易使母猪身体周围空气不流通，母猪散发的热量不易散发，使母猪体周围形成一个相对高温的区域；抬高产床，则使空气流通顺畅，通过空气流动起到降温作用。

（2）保持干燥：水可以降温，但在哺乳舍尽可能少用，因为仔猪怕水。同时如果猪舍湿度大，则水降温效果会变差。而如果舍内空气干燥，一旦出现严重高温时，使用水降温则会起到明显的效果，而且短时间的高湿对仔猪的危害也不会大。所以建议，不论任何季节，哺乳猪舍在有猪的情况下，尽可能减少用水，而且一旦用水，也要尽快使其干燥。

（3）加大窗户通风面积。

（4）局部使用风扇：使风直吹母猪头部，可起到降温作用。一般情况下使用可移动的风扇，特别是在母猪产仔前后，可起到明显降温作用。有条件的猪场在每头母猪头部吊一个小吊扇，也

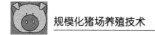

有一定的效果。

◆**知识链接**

　　试验证明：夏天哺乳期的母猪每天摄入 33.37 兆焦消化能，则仔猪断奶后母猪发情要 25 天；摄入 50.21 兆焦消化能，仔猪断奶后母猪发情则需 10 天；而摄入 66.90 兆焦消化能，则母猪在仔猪断奶后 5 天就可以发情。可见夏季因高热，要提高母猪饲料中的消化能，才能维持母猪正常发情配种。

第六节　规模化养猪场的防潮湿

　　首先要明确，潮湿不等于湿度大，因为湿度只代表空气中水的含量，而潮湿除了空气外，更多的是地面和墙壁的湿度大。

　　在环境因素中，有温度、湿度、空气质量、密度等，一直没有人把潮湿列入，所以潮湿一般不被人们重视。就因为不被重视，才导致出现许多不该出现的问题。如果遇到夏季产房仔猪腹泻不止，可以从潮湿上考虑；如果遇到新转入猪群腹泻或其他不适，也可以从潮湿上考虑。

一、潮湿引发疾病的原因

　　潮湿会引发疾病，主要还是和温度有关系。

　　比如夏季哺乳舍仔猪容易腹泻，往往是因为猪舍潮湿，这个潮湿不但是空气潮湿，更严重的是地面潮湿和保温箱内潮湿。地面潮湿，则在干燥过程中，需要吸收空气中的热量，使周围环境温度降低，首先温度发生变化的就是距地面只有 25～30cm 的网床，而这正是仔猪躺卧和活动的地方；如果保温箱内潮湿，则直接影响与之相接触的仔猪。这样，看似空气中温度不低，但仔猪所感受的有效温度则不足，因温度不适造成仔猪消化功能降低，消化道抗病力减弱，从而引发疾病。

如果猪由干燥环境进入潮湿环境，也会出现明显的不适应，这一现象常出现在猪的转群过程中。现在多是全进全出饲养模式，每次猪转走后，都要经过彻底的清理消毒。如果猪群周转比较紧，往往出现猪舍尚未干燥时就需要将猪转入，尽管网床干了，但地面、墙壁仍没有干燥。温度偏低时，猪会受凉；温度高时，又会出现湿度过大。再加上转群其他的应激，猪群发病的可能性非常大。

二、潮湿的形成

谁都知道潮湿是由水产生的，夏季产房潮湿，往往与天热时母猪玩水有关，也与饲养员为降温冲洗地面过频有关。因高温问题一直没有更好的解决办法，所以使产房一直处于潮湿环境中。冬季产房湿度大，往往是由于封闭过严，舍内水汽无法排出，遇到较冷的墙壁和屋顶，再次结成水流到地面，这样循环往复，使猪舍内一直处于潮湿状态。这种现象在寒冷地区经常出现。

猪舍潮湿，是因为冲洗消毒的缘故。许多人重视消毒，在冲洗干净后一次又一次地消毒，使猪舍无法干燥。如果猪舍急用，只能使猪进入潮湿的环境中了。

三、潮湿的控制

解决潮湿问题的办法可以从下面几个方面考虑：

1. 加大通风

只有通风才可以把舍内水汽排出，通风是解决潮湿的最好办法。但如何通风，则应根据不同猪舍的条件采取相应措施，以下是几种加大通风的措施：

（1）抬高产床：使仔猪远离潮湿的地面，潮湿的影响会小得多。

（2）增大窗户面积：使舍内与舍外通风量增加。

（3）加开地窗：相对于上面窗户通风，地窗效果更明显，因为通过地窗的风直接吹到地面，更容易使水分蒸发。

（4）使用风扇：风扇可使空气流动加强。这一办法在空舍使用时效果非常好，笔者曾在保育舍无法干燥时，使用大风扇吹风，很快使保育舍变干燥。

2. 节制用水

在对潮湿敏感的猪舍（如产房、保育前阶段），应控制用水，特别是尽可能减少地面积水。

3. 地面铺撒生石灰

舍内地面铺撒生石灰，可利用生石灰的吸湿特性，使舍内局部空气变干燥。另外，生石灰还有消毒功能。有人提出生石灰吸湿时会散发热量，会使舍内温度升高，本人认为不必考虑此因素。因为生石灰吸湿时散发的热量很少，对舍内温度影响不大，同时相对于高湿的危害，即使舍温略有升高也还是利大于弊。

4. 烤干铺板

在舍内大环境不易控制的情况下，单纯给仔猪提供局部小气候也有不错的效果。方法是经常将为仔猪铺设的木垫板用火炉烤干，或者给出生后几天的小猪铺干燥的布或地毯等物，这样使小猪避免在潮湿的铺板上躺卧，对预防小猪腹泻也有一定效果。

5. 低温水管

低温水管也有吸潮的功能，如果低于20℃的水管通过潮湿的猪舍，舍内的水蒸气会变为水珠，从水管上流下；如果舍内多设几趟水管，同时设置排水设施，也会使舍内湿度降低。

6. 其他

降湿的方法还有很多，舍内升火炉可以降湿，舍内用空调可以降湿，舍内加大通风量也可以降湿，控制冲洗地面次数和防止水管漏水也可以降低湿度等，养猪场可以根据自己的实际情况灵活采用。

上面只是介绍了降低湿度的办法，但办法能否落实到位取得效果，则需要手段。一个养猪场的措施值得借鉴，他们明确规定：如果在产房发现不该有水地方有水，要处以罚款。这个看似不合情理的措施却收到了非常好的效果。这样，水管漏水时，饲养员会主动去维修；他们自行改变了母猪饮水器的方向（饮水器侧向，舌头向下，溅水距离明显缩短）；不再冲圈，产床下脏时多用刮板清理；发现有积水，会马上用拖布擦干。做到这个程度，产房怎么还会潮湿呢？

◆知识链接

　　小猪怕冷，大猪怕热，所有猪都怕湿。猪还要求空气新鲜，环境温暖干净，营养全面，光线适中。只要满足这些要求，养好猪并不难。

第七节　规模化养猪场密度要合理

一、密度的意义

一般人们都会在冬季天冷时增加猪群密度，密度加大可以增加猪群的有效温度。一是猪本身可以散热，散热的猪数量多了，散热的量也就大了，舍温会得到提高；二是猪群密度大了，猪与猪之间的接触面加大，猪体热之间相互传递，防止了热量的散失。所以在冬季加大密度对猪群是有利的。但在夏季则要考虑减小密度，特别是密度相对较大的定位栏母猪和大体重育肥猪群，减小密度可以大大减轻热应激。

二、合理的密度

合理密度与猪体重所占猪舍面积有关，各类猪体重所占猪舍面积如表5.13。

表5.13　猪只的饲养密度

类别	体重（kg）	每只猪所占面积（m²）	
		非漏缝地板	漏缝地板
仔猪	4~11	0.37	0.26
	12~18	0.56	0.28
	19~25	0.74	0.37
育肥猪	26~55	0.90	0.50
	56~105	1.20	0.80
后备母猪	113~136	1.39	1.11
成年母猪	137~227	1.67	1.39
后备公猪	90~135	4~6	
成年公猪	135以上	6以上	

第八节　规模化养猪场的通风换气

一、通风的意义

通风换气是环境控制的重要部分。在密集的猪舍，猪不停地吸入氧气，排出二氧化碳；猪排出的粪尿也产生有害气体，如硫化氢、氨气等。这些有害气体达到一定程度，就会对猪造成伤害（图5.13、图5.14），易产生应激反应，甚至造成呼吸道疾病的发生，猪舍的氨气应控制在20×10^{-6}，若超过50×10^{-6}，则日增重会降低10%~15%，还会增加细菌的感染。

图 5.13　猪舍有害气体含量严重超标

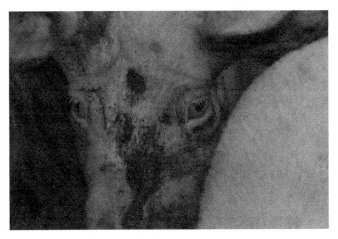

图 5.14　有害气体对猪眼睛的刺激

二、有害气体允许值

有害气体通常用有害气体测定仪进行检测。有害气体含量最大值如表5.14所示。

表5.14　猪舍有害气体含量最大允许值

气体类型	二氧化碳	硫化氢	氨气
最大允许值（μL）	1 500	10	15

◆知识链接

把养猪场办成"四院"，搞好"三养"

1. 四院

保育院（养好哺乳仔猪），

幼儿园（养好保育仔猪），

妇产院（养好孕产母猪），

宠物院（养好育肥猪和公猪）。

2. 三养

把仔猪当婴儿养，

把母猪当老人养，

把所有猪当宠物养。

第九节　提高种母猪繁殖性能关键在背膘

一、合理背膘指数

背膘是指最后肋骨距背中线下6cm处的脂肪厚度，背膘使用背膘测定仪测定（图5.15）。

后备母猪培育阶段：

美国 150 日龄，体重 114 千克的猪；中国 180 日龄，体重 100 千克的猪，背膘应为 12~14mm。

配种阶段：220~240 日龄，体重 135 千克，背膘 18~22mm 最好。

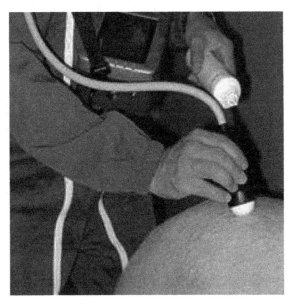

图 5.15 背膘测定仪使用方法

二、小母猪背膘对母猪 5 胎繁殖力的影响

表 5.15 标出了母猪背膘对繁殖力的影响。

表 5. 15　母猪背膘对繁殖力的影响

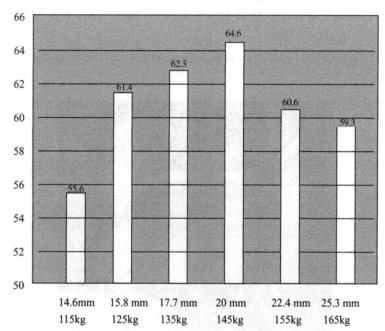

三、母猪背膘简易测定法

如无背膘测定仪，母猪背膘最佳膘情的简易测定法是"看不到母猪的椎骨和肋骨，但可以摸到椎骨而摸不到肋骨"。

第十节　规模化养猪场每周工作日程细则

规模化养猪场每周工作日程的细则见表5.16。

表5.16　规模化养猪场每周工作日程细则

日期	配怀舍	妊娠舍	分娩舍	保育舍	生长舍	育肥舍
星期一	日常工作；大清洁消毒；淘汰猪鉴定；后备移进；特殊工作	日常工作；大清洁消毒；特殊工作	日常工作；大清洁消毒；临断奶淘汰鉴定；特殊工作	日常工作；大清洁消毒；淘汰猪鉴定；特殊工作	日常工作；大清洁消毒；淘汰猪鉴定；特殊工作	日常工作；大清洁消毒；淘汰猪鉴定；特殊工作
星期二	日常工作；更换消毒池内药液；接收断奶母猪♀；整理空怀母猪♀；特殊工作	日常工作；更换消毒池内药液；空栏冲洗消毒；特殊工作	日常工作；更换消毒池内药液；断奶母猪♀转出；特殊工作	日常工作；更换消毒池内药液；特殊工作	日常工作；转出生长猪；更换消毒池内药液；空栏冲洗消毒；特殊工作	日常工作；更换消毒池内药液；空栏冲洗消毒；特殊工作
星期三	日常工作；不发情不妊娠猪集中饲养；驱虫、免疫注射；特殊工作	日常工作；驱虫免疫注射；特殊工作	日常工作；驱虫免疫注射；特殊工作	日常工作；驱虫免疫注射；特殊工作	日常工作；驱虫免疫注射；特殊工作	日常工作；驱虫免疫注射；特殊工作
星期四	日常工作；大清洁消毒；特殊工作	日常工作；临产日母猪♀转出；大清洁消毒；特殊工作	日常工作；转出断奶仔猪；特殊工作	日常工作；将保育仔猪转出；特殊工作	日常工作；将生长猪转出；特殊工作	日常工作；育肥猪出栏；特殊工作

规模化猪场养殖技术

续表

日期	配怀舍	妊娠舍	分娩舍	保育舍	生长舍	育肥舍
星期五	日常工作;更换消毒池药液;特殊工作	日常工作;空栏冲洗消毒;特殊工作	日常工作;对空栏彻底冲洗消毒;特殊工作	日常工作;转猪空栏彻底冲洗消毒;特殊工作	日常工作;转猪空栏彻定冲洗消毒;特殊工作	日常工作;转猪空栏彻定冲洗消毒;特殊工作
星期六	日常工作;空栏冲洗消毒;特殊工作	日常工作;接收经诊断怀孕的母猪♀;特殊工作	日常工作;接收临产母猪♀;特殊工作	日常工作;准备接收断奶仔猪;特殊工作	日常工作;准备接收保育仔猪;特殊工作	日常工作;准备接收生长猪;特殊工作
星期日	日常工作;妊娠诊断、复查;设备检查维修;周报表	日常工作;设备检查维修;周报表	日常工作;设备检查维修;周报表	日常工作;设备检查维修;周报表	日常工作;设备检查维修;周报表	日常工作;设备检查维修;周报表

◆知识链接

改善饲养环境比用药更重要

有些猪病如呼吸道病、胃肠炎、温热病等,均与猪舍空气质量、干湿度、温度等有关。不改善猪只的生存环境,用再好的药物也无济于事。况且,是药三分毒,药用得越多毒性就越大,很多猪不是病死的而是治死的。养猪实践中,常有这种现象,把病猪移入空旷之处,经几天后病猪病情会大有好转,甚至不治而愈。

第十一节 后备猪隔离舍精细化管理

一、工作目标

保证后备母猪使用前合格率 90% 以上，后备公猪使用前合格率 80% 以上。

二、工作职责

（1）进猪前空栏冲洗消毒。

（2）接收后备猪时做好验收工作，分性别、分日龄、分强弱群、分栏舍饲养工作。

（3）按"免疫程序"做好后备猪免疫注射、驱虫等工作。

（4）按限饲优饲计划做好喂饲工作。

（5）根据技术员的指导做好药物预防工作。

（6）观察猪群，发现病猪及时治疗。

（7）按时清洁卫生。

（8）做好防暑降温、防寒保温工作。

三、工作安排

工作安排分为日工作安排和周工作安排（表 5.17、表 5.18）。

1. 日工作安排

表 5.17 后备猪隔离日工作安排

上午				下午		
7：30~ 8：00	8：00~ 8：30	8：30~ 9：30	9：30~ 11：30	14：00~ 15：30	15：00~ 17：00	17：00~ 17：30
观察猪群	喂饲	治疗	清洁卫生；其他工作	冲洗猪栏；清洁工作；其他工作	治疗；其他工作	喂饲

2. 周工作安排

表5.18　后备猪隔离舍周工作安排

时间	工作安排
星期一	1. 更换消毒池内的消毒液 2. 各种物资的领取
星期二	1. 转出预配种的后备母猪和预训练采精的公猪 2. 驱虫
星期三	清洁卫生，清扫猪舍内的灰尘、杂物
星期四	1. 冲洗栏舍，夏季每周一次，冬季每月一次 2. 更换消毒池内的消毒液
星期五	1. 各种疫苗注射 2. 各种物资的领用计划
星期六	转入后备猪
星期日	统计、填写各种报表，及时上交

四、操作规程细则

（1）后备公猪单栏饲养，圈舍不够时2~3头一栏，后备母猪小群饲养，5~8头一栏。

（2）引入后备猪第一周，饲料中添加一些抗应激药物如维生素C、多维、矿物质添加剂等。同时饲料中适当添加一些抗生素药物如强力霉素、利高霉素、土霉素、金霉素、卡那霉素等。

（3）按进舍日龄，分批次做好免疫计划、限饲优饲计划、驱虫计划并予以实施。外引猪进场后第二天注射猪瘟疫苗、其后注射口蹄疫、猪肺疫疫苗，然后再按场部的"免疫程序"进行免疫。

（4）日喂料两次。母猪6月龄以前自由采食，7月龄适当限制；配种使用前一个月或半个月优饲。限饲时日喂量控制在2kg

以下，优饲时日喂量 2.5kg 以上或自由采食。

（5）做好后备猪发情记录，并将该记录移交配种舍人员。母猪发情记录工作从 6 月龄时开始。

（6）如果是从本公司以外猪场引入的后备猪，经过两周隔离后表现健康，可在隔离区添加一些本场淘汰老种猪。

第十二节　配怀舍精细化管理

一、工作目标

（1）按计划完成每周配种任务，保证全年均衡生产。

（2）保证配种分娩率在 90% 以上。

（3）平均空怀天数控制在 10 天以内。

（4）妊检率 30 天提高到 90% 以上，50 天提高到 85% 以上。

（5）保证窝均健仔数在 9.5 头以上。

（6）保证后备母猪合格率在 90% 以上（转入基础群为准）。

（7）保证种猪平均使用年限公猪 2 年、母猪 3~5 年。

（8）保证母猪群合理的年龄结构，平均产 4~4.5 胎。

（9）全场母猪年更新率 25%~30%，公猪更新率 50%；第一、二年更新率，母猪 10%~15%，公猪 40%。

（10）节支降耗，增效增收。

二、工作职责

（1）每日配种、发情检查及妊娠检查。

（2）安排断奶母猪进入配种区，并合理分群。

（3）将确定妊娠的母猪转入定位栏，并按顺序排列。

（4）产前一周将母猪转入产房。

（5）安排后备猪参加配种。

（6）观察猪群健康情况，有病及时隔离并给予治疗。

（7）及时提供新鲜的饲料和饮水。

（8）清扫栏舍、走道，并按时清理猪粪，将粪便运到指定的地点。

（9）对不适宜继续作为种用的种猪提出淘汰建议。

（10）做好栏舍内的通风换气工作，保持舍内栏舍通风良好，空气清新。

（11）及时检查、维修饮水器、限位栏等有关设备，并进行一般维修和保养。

（12）生产线组织的其他工作。

（13）及时准确地做好各种记录，及时上报日报表、周报表和月报表。

三、工作安排

工作安排分为日工作安排和周工作安排（表 5.19、表 5.20）。

表 5.19　配怀舍日工作安排

上午				下午		
7：30~9：00	9：00~9：30	9：30~10：30	10：30~11：30	14：00~15：30	15：30~17：00	17：00~17：30
配种发情检查（采精输精）	喂饲	观察猪群、治疗	清洁卫生、其他工作	冲洗猪栏；清洁工作；其他工作	配种、发情检查（采精输精）	喂饲

表 5.20 配怀舍周工作安排

时间	工作安排
星期一	1. 日常工作 2. 发情鉴定、配种、断奶、空怀、返情、后备 3. 将后备母猪移近公猪 4. 下午对 30 天、50 天、90 天母猪妊检 5. 对空怀猪复查 6. 特殊工作
星期二	1. 日常工作 2. 更换消毒池内的消毒液 3. 给产前四周的母猪注射猪瘟疫苗，同时注射后备公、母猪 4. 发情鉴定、配种 5. 将妊娠 28 天的母猪转到妊娠舍 6. 清洁卫生，清扫猪舍尘埃、蜘蛛网，清理风扇及其他设备 7. 特殊工作
星期三	1. 日常工作 2. 发情鉴定、配种 3. 向产房索要断奶母猪并统计头数 4. 给产前三周的母猪注射口蹄疫苗，同时注射后备公、母猪 5. 给将要进入产房的母猪喷洒敌百虫或消虫净 6. 特殊工作
星期四	1. 日常工作 2. 接收断奶母猪 3. 发情鉴定、配种 4. 将断奶母猪按体况、大小、肥瘦、强弱 3~4 头分为一批，进行充分洗刷后喷洒消毒液，由产房赶入配种舍公猪栏内 5. 评价种公猪，并做下周配种计划 6. 特殊工作

周次	工作安排
星期五	1. 日常工作 2. 发情鉴定、配种 3. 将临产母猪逐头用温水清洗并消毒后赶入产房 4. 完成待配母猪的调入 5. 特殊工作
星期六	1. 日常工作 2. 更换消毒池内的消毒液 3. 发情鉴定、配种 4. 将断奶母猪移入母猪栏，挂上记录卡并喷洒敌百虫或消虫净 5. 集中断奶两周未发情的母猪 6. 冲洗、消毒转栏后的栏舍 7. 特殊工作
星期日	1. 日常工作 2. 清洗公猪栏。夏季每周一次，冬季可每月一次，要注意节约用水 3. 给产前两周的母猪驱虫 4. 完成各种记录和报表 5. 特殊工作

注：空怀母猪如能在运动场运动，有利于促进母猪发情（图5.16）。

◆ 知识链接

光照对母猪的好处

一般认为光照对肥猪生产性能影响不大，但对母猪有影响。据研究，延长光照时间到16h，后备母猪的初情期可提前18.5天，间情期缩短1.5天，窝产仔数增加2.8头，断奶后首次发情时间提前2.5天。可以看出通过延长光照时间，可提高母猪的繁殖性能。另据国外试验，同样接受18h光照，光照强度45~60lx较10lx光照下的小母猪生长发育迅速，性成熟提早30~45天。

图 5.16　空怀母猪在运动场运动可促进发情

四、操作规程细则

1. 发情鉴定

发情鉴定的最佳方法是：在母猪喂料半小时后表现平静时进行。两次发情鉴定，上下午各一次，检查采用人工查情与公猪试情相结合的方法。配种员工作时间的 1/3 应放在母猪发情鉴定上。

母猪发情表现有以下几种：

（1）阴户红肿，阴道内有黏液性分泌物。

（2）在圈内来回走动，频频排尿。

（3）神经质，食欲差。

（4）压背静立不动，静立反射。如图 5.17 所示。

（5）互相爬跨，接受公猪爬跨。

也有发情不明显的。发情检查最有效方法是每日用试情公猪

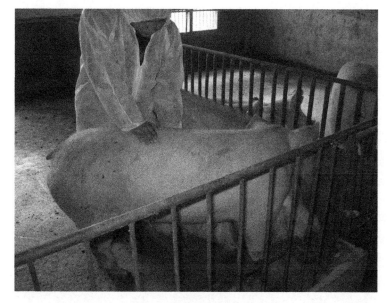

图 5.17　母猪适配的压背试验

对待配母猪进行试情。

2. 公猪的饲养管理

（1）饲养原则：提供所需的营养以使精液的品质最佳，量最多。为了采精或交配方便，延长使用年限，公猪不宜太大，这就要求限制饲养。选用哺乳母猪料，日喂 2 次，每头每天喂 2.5~3.0kg。配种前每天补喂一个鸡蛋。

每餐不要喂得过饱，以免猪饱食贪睡，不愿运动造成过肥。喂鸡蛋于喂料前进行。

（2）公猪的管理与利用：

1）要求单栏饲养，保持圈舍与猪体清洁，合理运动，有条件时适当做驱赶运动。

2）训练好公猪，工作时保持与公猪的距离，不要背对公猪，也不要打它。

用公猪试情时，不要将正在爬跨的公猪从母猪背上拉下来，不要推其肩、头部以防遭受攻击。

3）严禁粗暴对待公猪。

4）公猪使用方法：后备公猪 9 月龄开始使用，使用前先进行配种调教和精液质量检查，开配体重应达到 120kg 以上。公猪采精 8~10 月龄 1 次/10 天，10~12 月龄 1 次/周，12 月龄以上公猪 2 次/周且不得闲置。健康公猪休息时间不得超过两周，以免发生配种障碍。若公猪患病，一个月内不准使用。

5）每次采精时，须进行精液品质检查。活力<60，或畸形率>20，弃之不用。

若连续四次精检不合格或连续二次精检不合格且伴有睾丸肿大、萎缩、性欲低下、跛行等疾病时，必须淘汰。各生产线应根据精检结果，合理安排好公猪的使用强度。

6）防止公猪热应激，做好防暑降温工作。

7）经常刷拭冲洗猪体，及时驱体内外寄生虫，注意保护公猪肢蹄。

8）性欲低下的，每天补喂辛辣性添加剂或注射丙酸睾丸素。有缺陷的公猪应及时淘汰，有病及时治疗。

3. 后备母猪的饲养管理细则

（1）后备母猪 6~7 月龄转入配种舍，小群饲养，每栏 5~8 头。到场后的后备母猪，先自由采食，再限制饲养半个月至一个月，最后优饲半个月至一个月参加配种。后备母猪配种月龄须达 7 月龄，体重要达到 110kg 以上。

（2）仔细观察初次发情期，以便在第 2~3 次发情时及时配种，并做好记录。

（3）后备母猪选用妊娠料，每天每头喂 2.0~3.0kg，根据不同体况、配种计划增减喂料量。后备母猪在第一个发情期开

始，要安排喂催情料，比规定料量多 1/3，配种后料量立减到
1.8~2.2kg。

（4）进入配种区的后备母猪每天用公猪试情检查。

（5）以下方法可以刺激母猪发情。

1）调圈。

2）尽量放在靠近发情的母猪身边。

3）和不同的公猪接触。

4）进行适当的运动。

（6）凡进入配种区超过 60 天不发情的小母猪应淘汰。

（7）对患有气喘病、胃肠炎、肢蹄病的后备母猪，应隔离
单独饲养在一栏内。此栏应位于猪舍的最后，观察治疗 2 个疗程
仍未见好转者，应及时淘汰。

（8）按计划补充后备母猪。

（9）后备母猪配种前驱体内外寄生虫一次，进行乙脑、细
小病毒等疫苗注射。

（10）后备母猪每天分批次赶到运动场运动 2~3h。

4. 断奶母猪的管理细则

（1）断奶母猪膘情至关重要，要做好哺乳后期的饲养管理，
使其断奶时保持较好的膘情。

（2）哺乳后期不要过多削减母猪喂料量，做好仔猪补料、
哺乳，尽量减少母猪哺乳中的营养消耗，适当提前断奶。

（3）断奶前 1 周内适当减少哺乳次数，减少喂料量，以防发
生乳房炎，并做好清洁卫生和消毒等工作。

（4）有计划地淘汰 7 胎以上或生产性能低下的母猪，确定
淘汰猪最好在母猪断奶 7 天左右进行。

（5）断奶后的母猪一般在 3~10 天开始发情，此时注意做好
断奶母猪的发情鉴定和公猪的试情工作。母猪发情稳定后才可配
种，不要强配。

5. 空怀母猪的管理细则

（1）参照断奶母猪的饲养管理。但对长期病弱或三个情期没有配上种的，应及时淘汰。

（2）配种后 21 天左右用公猪对母猪做返情检查，以后每月做一次妊娠诊断。

（3）返情猪放在观察区，及时复配。

（4）空怀猪转入配种区要重新建立母猪卡。

（5）空怀母猪喂料每头每天 3kg 左右，日喂 2 次。

6. 不发情母猪的管理细则

（1）饲养与空怀母猪相同，在管理上采取综合措施。

（2）对体况健康、正常的不发情母猪，可选用雌激素、PG600、氯前列烯醇治疗。

（3）超过 7 月龄仍然不发情的后备母猪要集中饲养，每天放公猪进栏追逐 10min，观察发情情况，超期 2 个月不发情的母猪应及时淘汰。

（4）不发情或屡配不孕的母猪可对症使用 PG600、氯前列烯醇进行治疗。

7. 妊娠母猪的管理细则

（1）所有母猪配种后按配种时间（周次）在妊娠定位栏编组排列，按标准分阶段饲喂。

（2）减少应激，防流保胎。

（3）不喂发霉变质饲料，防止中毒。

（4）妊娠诊断，在正常情况下，配种后 21 天左右不再发情的母猪即可确定妊娠。其表现为：贪睡、食欲旺、易上膘、皮毛光、性温顺、行动稳、阴门下裂缝向上缩成一条线等。做好配种后 18~65 天的复发情检查工作。

（5）对妊娠母猪定期进行评估，按妊娠阶段分三段区进行饲喂和管理。

妊娠一个月内的喂料量为 1.5~2.2kg/（天·头）。

妊娠中间两个月内的喂料量为 2.3~2.7kg/（天·头）。

产前倒数两三周的喂料量为 2.8~3.5kg/（天·头）。

产前一周开始喂哺乳料，并适当减料。

（6）预防烈性传染病的发生，预防中暑，防止机械性流产。

（7）按"免疫程序"做好各种疫苗的免疫接种工作。

（8）妊娠母猪产前一周转入产房，转入前冲洗消毒，同时驱除体内外寄生虫。

◆知识链接

母猪推迟发情的经济损失

母猪断奶后，一般 3~5 天发情，推迟发情经济受到的经济损失，以推迟 1 天发情概算：空怀 1 天，多吃 1 天饲料，大约 2.5kg，成本约 8 元；多养 1 天，少产 0.06 头仔猪，少收入大约 6~10 元，再加上 0.06 头仔猪带来盈利约 10 元，合计 8+6+10+24＝48 元。如果推迟 5 天发情，经济损失可达 120 元。细账不可不算。

第十三节　分娩舍精细化管理

一、工作目标

（1）按计划完成母猪分娩产仔任务。提高母猪泌乳量，保护仔猪过好"三关"，最大限度减少仔猪死亡，增加仔猪数。

（2）哺乳期成活率 95% 以上。

（3）仔猪 3 周龄平均体重不低于 6.0kg，4 周龄平均体重不低于 7.0kg；7 周龄出栏体重不低于 15kg。

（4）节支降耗，增效增收。

（5）打耳号率 96% 以上。

二、工作职责

1. 冲洗消毒

产房彻底冲洗消毒，做好接收临产母猪的一切准备（图 5.18）。

图 5.18　对产床的消毒

2. 护理

切实做好临产、分娩母猪的护理和接产工作，适当时候调整哺乳母猪带仔数等。

3. 供水

密切注意每个饮水器是否畅通，给 2 日龄乳猪开始"诱水"，确保仔猪、母猪的饮水清洁、新鲜、充足。

4. 供料

仔猪从 5~7 日龄起开始诱食，每日更换新鲜、卫生的乳猪料，及时清理料槽内剩余的饲料，要确保不变质，不断料又不浪费。

5. 环境控制

通过门窗的开关以及控温设施，调整舍内温度以及空气的新鲜度，使舍内温度等达到要求，保证仔猪有一个温暖、干燥、无风的环境。及时调整保温灯，创造保温箱内合适的小气候。注意天气变化，防止贼风侵入。

6. 卫生

勤打扫、保持舍内干燥、卫生。不准用水冲洗母仔床栏，尽可能减少其他位置的冲洗次数和冲洗用水量，以保持舍内清洁而干燥。

7. 维持产房内防疫制度

尽可能减少人员出入，做到人员定舍定岗；每个单元执行全进全出制；定期消毒；及时处理每天的垃圾、胎衣、死胎、木乃伊胎、病死仔猪；及时治疗病猪，保证各单元门口消毒盆、池消毒药有效浓度；按"免疫程序"定期进行预防接种工作。

8. 做好母猪和仔猪的治疗工作

每天仔细观察猪群，发现病猪及时治疗。对腹泻的仔猪，发现一头，治疗一窝，并追踪治疗，做好病志记录。

9. 完成打耳号、剪牙

断尾、补铁、去势工作。在仔猪 2~3 日龄或脐带干后剪牙（图 5.19）、断尾、注射铁剂，3 日龄和 15 日龄两次。对仔猪进行适当的调整（寄养），寄养要在吃过初乳 36~48h 进行。同时做好寄养记录。

10. 断奶

执行每周的断奶程序，平均 3~4 周龄断奶。集中饲养不合格的仔猪，采取综合措施治疗。根据哺乳成绩和体况、年龄评价每批断奶母猪，分别转入配种区或淘汰。断奶前要对母猪、仔猪进行各种免疫注射，断奶后仔猪定期驱虫。

11. 记录

及时、准确地做好各项记录，填写分娩记录卡以及各类报表，及时上报日报表、周报表及月报表等。

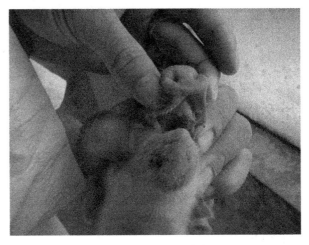

图 5.19 剪牙开口方法

12. 维修

及时检查、维修饮水器、产栏、保温箱等有关设备。

13. 节支降耗，增产增收。

◆ 知识链接

母猪预产期推算法

1. 三、三、三法 即从配种算起，三个月（90 天）加三周（21 天）再加 3 天，共为 114 天。

2. 配种月加 3，配种日加 20 法 即在母猪配种月份上加 3，在配种日期上加 20。如 3 月 1 日配的种，月份加 3 即为 6 月，日期加 20，为 21 日，该母猪预产期为 6 月 21 日。再如某母猪是 3 月 20 日配种，则 3 月 + 3 月 = 6 月。日期是 20 日 + 20 日 = 40 日，为一个月零 10 天，所以该母猪预产期两项相加为 7 月 10 日。

3. 月加 4，日减 6 法 计算方法同上。

三、工作安排

工作安排分为日工作安排和周工作安排（表 5.21、表 5.22）。

表 5.21　分娩舍日工作安排

上午			下午		
7：30~ 8：30	8：30~ 9：30	9：30~ 11：30	14：30~ 16：30	16：00~ 17：00	17：00~ 17：30
母猪、仔猪喂饲	治疗、打耳号、剪牙、断尾、补铁等工作	清理卫生、其他工作	清理卫生、其他工作	治疗、填写报表	母猪、仔猪喂饲

表 5.22　分娩舍周工作安排

时间	工作安排
星期一	1. 日常工作 2. 领用一周所需的药品和用具，准备保温箱、灯泡及料槽 3. 冲洗前门，更换消毒池内的消毒液 4. 特殊工作
星期二	1. 日常工作 2. 给产后三周的仔猪、母猪注射猪瘟疫苗 3. 给断奶母猪采血送诊断室检查 4. 清洗混药器 5. 特殊工作
星期三	1. 日常工作 2. 冲洗前门，更换脚盆消毒液 3. 为断奶母猪填写记录 4. 全面清洁药物间、检查各种设备以及饮水器 5. 特殊工作

续表

时间	工作安排
星期四	1. 日常工作 2. 将断奶母猪和仔猪转出分娩舍填写记录 3. 给掉了耳牌的母猪补上耳牌 4. 断奶、冲洗、消毒分娩房 5. 特殊工作
星期五	1. 日常工作 2. 将临产母猪转入产房 3. 特殊工作
星期六	1. 日常工作 2. 调整猪群 3. 填写母猪分娩记录表 4. 更换消毒池内的消毒液 5. 特殊工作
星期日	1. 日常工作 2. 大清洁、清扫墙壁、天花板、风扇及其他设备 3. 检查调温设备、设施 4. 完成分娩舍生产情况表以及其他各种报表 5. 特殊工作

四、操作规程细则

1. 产前准备

（1）空栏后彻底清洗、检修产房设备，后用消毒药连续消毒两次，晾干后备用。第二次消毒最好采用火焰或熏蒸消毒。

（2）产房温度最好控制在 25℃ 左右，湿度 65%~75%，产栏安装滴水装置，夏季头颈部滴水降温。

（3）检验清楚预产期，母猪的妊娠期平均为 114 天。

（4）产前 7 天母猪减料。产前 3 天开始投喂小苏打或芒硝，连喂 1 周。临产前驱体内外寄生虫一次。

（5）分娩前检查乳房是否有乳汁流出，以便做好接产准备。

（6）准备好碘酊、0.1%高锰酸钾消毒水、抗生素、催产素、保温灯等药品和工具。

（7）分娩前用 0.1%高锰酸钾消毒水清洗母猪的外阴和乳房（图 5.20）。

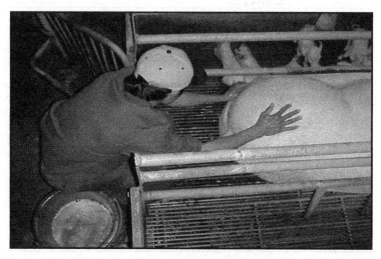

图 5.20　接产前清洗消毒外阴和后臀部

（8）母猪临产前一周上产床，上产床前清洗消毒。

2. 判断分娩

（1）阴道红肿，频频排尿。

（2）乳房有光泽、两侧乳房外胀，用手挤压有乳汁排出，初乳出现后 12~24h 后分娩。

3. 接产

（1）要求有专人看管，接产时人员每次离开时间不得超过半小时。

（2）仔猪出生后，应立即将其口鼻黏液清除、擦净，用抹布将猪体抹干，发现假死猪及时抢救。产后检查胎衣是否全部排出，如胎衣不下或胎衣不全可肌内注射催产素。

（3）断脐后用碘酊消毒。

（4）把初生仔猪放入保温箱，保持箱内温度 30℃以上。

（5）帮助初生仔猪吃上初乳，固定乳头，初生重小的放在前面，大的放在后面。仔猪吃初乳前，每个乳头的最初几滴要挤掉。

（6）有羊水排出、强烈努责后 1h 仍无仔猪排出或产仔间隔超过 1h，即视为难产，需要人工助产。

4. 难产的处理

（1）有难产史的母猪临产前 1 天肌内注射律胎素和氯前列烯醇，或预产期当日注射催产素。

（2）临产母猪子宫收缩无力或产仔间隔超过半小时者可注射催产素，但要注意在子宫颈口开张时使用。

（3）注射催产素仍无效和由于胎儿过大、胎位不正、骨盆狭窄等原因造成难产应立即人工助产。

（4）人工助产时，要剪平指甲，润滑手、臂并消毒，然后随着子宫收缩节律慢慢伸入阴道内，手掌心向上，五指并拢，抓仔猪的两后腿或下颌部，母猪子宫扩张时，开始向外拉仔猪，努责收缩时停下，动作要轻。拉出仔猪后应帮助仔猪呼吸。

假死仔猪的处理：将其前后躯以肺部为轴向内侧并拢、放开，反复数次。

产后阴道内注入抗生素，同时肌内注射抗生素一次，以防发生子宫炎、阴道炎。或向子宫内大量灌注温开水（加少量润滑油）亦有明显效果。

（5）对难产的母猪，应在母猪卡上注明发生难产的原因，以便于下一次难产的正确处理或作为淘汰鉴定的依据。

5. 产后护理

（1）哺乳母猪选用哺乳料，每天 2~3 次。产前一周开始减料，渐减至日常量的 1/3~1/2，产后恢复正常，自由采食直至断奶前 3 天。喂料时若母猪不愿站立吃料，应把它赶起来。产前产后日粮中加 0.75%~1.5% 轻泻剂、小苏打或芒硝，以预防产后便秘。夏季日粮中添加 1.2% 的碳酸氢钠可提高采食量。

（2）哺乳期内注意环境安静、圈舍清洁、干燥，做到冬暖夏凉。随时观察母猪的采食量和泌乳量的变化，以便针对具体情况采取相应措施（图 5.21）。

图 5.21　产床内仔猪哺乳

（3）仔猪初生后 2 天注意补铁，预防贫血；口服抗生素如庆大霉素 2mL，以预防下痢；注射亚硒酸钠维生素 E 0.5mL，以预防白肌病，同时也提高仔猪对疾病的抵抗力。如果猪场呼吸道病严重时，鼻腔喷雾卡那霉素加以预防。无乳母猪采用催乳中药拌料或口服。

（4）新生仔猪要在 24h 内称重、打耳号（图 5.22）、剪牙、断尾。断脐以留下 3cm 为宜，断端消毒，打耳号时，尽量避开血管处，缺口处要消毒。剪牙钳消毒后齐牙根处剪掉上下两侧犬齿。断尾时于尾根部 2cm 处剪断、消毒。

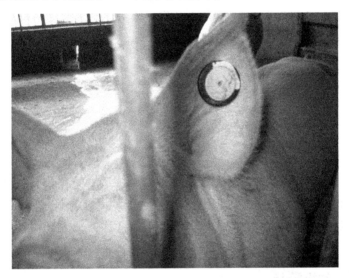

图 5.22　猪耳号牌

◆知识链接

猪耳号打法和读法

给猪打耳号的方法很多，要根据场编号的要求，预先计算好所要打的缺列/圆孔的耳朵和位置，然后进行打号操作，一般采用的编号方法是：

左大右小：左耳朵打大号，右耳朵打小号。

上 1 下 3：即右耳朵上沿个缺牙代表 1，下沿一个缺牙代表

◆ 知识链接

3；左耳朵上沿一个缺牙代表 10，下沿一个缺牙代表 30。

左 2 右 1：即左耳尖上打一个缺牙代表 200，右耳尖一个缺牙代表 100。

左 8 右 4：即左耳郭中部打一孔，代表 800，右耳郭打一个孔代表 400。公猪为奇数，母猪为偶数，如下图。

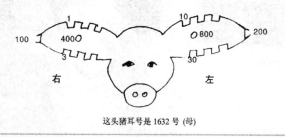

这头猪耳号是 1632 号（母）

（5）仔猪吃过初乳后适当寄养调整，尽量使仔猪数与母猪的乳头数相等，防止未使用的乳头萎缩，从而影响下一胎的泌乳性能。寄养时，仔猪间日龄相差不超过 3 天。把大仔猪寄养出去，寄出时用寄母的奶汁擦抹需寄仔猪全身。

◆ 知识链接

仔猪要早吃初乳

研究证明，新生仔猪胃肠内尚未有胃酸、胃蛋白和胰蛋白酶。同时由于母猪胎盘结构特点，免疫球蛋白没有传入仔猪体内，所以仔猪抵抗力弱，容易患拉稀等疾病。母猪初乳中含有大量的免疫球蛋白，可不经消化，直接吸收，进入血液，产生抗体，同时初乳中含有丰富的乳糖和多种微量元素。所以尽早吃初乳，一般最晚 2h 内吃到，对保证新生仔猪的健康至关重要。

（6）5～7 日龄公猪去势，去势要彻底，切口不宜太大，术后消毒。

（7）产房适宜温度，分娩后一周 27℃，二周 26℃，三周 24℃，四周 22℃。

（8）产房要保持干燥。产栏内只要有小猪，便不能用水冲洗。预防仔猪下痢（参照《仔猪黄白痢综合防治措施》）。

（9）补料：初生后 5～7 日龄开始诱补料，保持料槽清洁，饲料新鲜。勤添少添，晚间要补添一次料。每天补料次数为 5～6 次。放在补料盘或补料筒内（图 5.23、5.24）。

图 5.23　仔猪补料盘

（10）产房人员不得擅自离岗，有其他工作不得已离岗时，每次离开时间控制在 1h 内。

（11）仔猪平均 21～28 日龄断奶，一次性断奶，不换圈，不

图 5.24 自动补料筒

换料。断奶前后连喂 3 天开食补料以防应激。断奶前健康母、仔猪如图 5.25 所示。

（12）刚断奶小猪栏要用木屑或棉花将饮水器撑开，使其有小量流水，诱导仔猪饮水和吃奶。

（13）在哺乳期因失重过多而瘦弱母猪要适当提前断奶，断奶前 3 天需适当限料。

图 5.25　健康母、仔猪

◆ 知识链接

教小猪开食补料法

1. 磨牙法　仔猪 6~7 日后，由于牙齿的发育有痒感，有啃咬动作，此时可将炒焦膨化的黄豆少数投放，训练采食。

2. 拱土法　猪有遗传拱土习惯，可把干净的红土放入补料间，再放入少量的教槽粒料（切不可多放），仔猪在拱土时，偶尔吃到香甜的教槽粒料而学会采食，以后逐渐加大粒料投放（用干净的红土，因含铁元素，仔猪少量食入还有预防黄白痢之效）。

3. 以大带小法　是将一头已经学会吃料的仔猪，放在尚不会吃料的小猪圈内，然后投放教槽粒料，会吃料的小猪立即采食，不会吃料的小猪因有模仿性（模仿采食动作）和好奇性（用鼻嗅饲料），从而学会采食。

115

◆知识链接

4. 填塞法　在小猪群中择其体格稍大的仔猪，用手掰开嘴巴，投入教槽粒料，再以手握住嘴巴，形成被迫咀嚼状，待嚼成稀烂，放回小猪。小猪因口腔尚有残存料渣，而会品味其甜香之味，甚至舔食回吐出的料渣，如此逐渐学会吃料。

◆知识链接

教小猪饮水法

猪圈内一般都设有两个饮水器，多为鸭嘴式，一个位置较低，便于大小不同的猪饮用。教小猪饮水时，择其位置低的，用小石子或玉米粒，垫于鸭嘴饮水器的舌下，压迫舌芯会使水自动少量流出，使欲饮水的小猪前来饮水。如此几次，待小猪知道此嘴内有水后，再把所放的石子或玉米粒去掉，小猪去喝水时，因咬压鸭嘴的舌芯，水会自动流出，小猪逐步形成饮水习惯。

◆知识链接

仔猪早期断奶的利与弊

利：（1）早期断奶可以提高母猪的年产胎数。21 天断奶母猪可年产 2.5 窝；28 天断奶母猪年产 2.2~2.4 窝；45 天断奶母猪年产仅 2 窝；60 天断奶母猪只可年产 1.5 窝。

（2）早期断奶可提高仔猪对饲料的利用率。断奶后仔猪的饲料利用率为 50%~60%，而通过母乳仔猪对饲料的利用率仅为 20%，效率可提高 2.5 倍。

弊：（1）断奶越早对仔猪打击越大，即仔猪恢复到断奶时的体重时间越长。3 周龄断奶需 10~14 天，4 周龄断奶需 9~

◆知识链接

10 天，5 周龄断奶需 5~8 天。

（2）母猪产后子宫恢复需 20 天左右，故 3 周前断奶，子宫尚未完全恢复，所以受胎率不高，甚至还会造成生殖器官疾病。

较合理断奶时间应在 21 天以上，传统断奶时间为 4 周。

第十四节 保育舍精细化管理

一、工作目标

（1）育成阶段成活率≥97%。

（2）饲料转化率：7~22kg 阶段≤1.6。

（3）日增重：7~22kg 阶段≥428g。

（4）生长育肥阶段：7~22kg 阶段：饲养日≤35 天，全期饲养日龄 168 天。

（5）创造良好的生长环境，努力减少仔猪因断奶、转栏而产生的应激。加强保健工作，使仔猪尽快能适应独立的生活。

二、工作职责

1. 清洁消毒

在每批仔猪转入保育舍前，应将空置的保育栏和补料槽彻底清洗和消毒，搞好环境卫生，保持清洁干燥。

2. 分群

配合产房做好断奶仔猪的转栏工作。每批仔猪转入保育舍时，原则上根据仔猪大小、强弱做适当的分群。种猪还应公母分群饲养，力求同栏仔猪尽量均匀。

3. 观察

每天细心观察猪群的精神状态和粪便有无异常。

4. 防治

严格执行卫生防疫制度和免疫程序，给有需要的仔猪进行药物治疗或手术处理。

5. 环境控制

做好通风、防暑降温等工作。根据气候的变化和猪只的大小，做好防暑降温和保暖防冻工作，控制好舍内、栏内的小气候。

6. 供料

按场部要求投放饲料。分餐饲喂的猪群应按时投料，保证每头仔猪有足够的采食位；自由采食的猪群，要保证食箱常备料，遇有变质饲料及时清除。

7. 供水

密切注意每个饮水器是否畅通，保证仔猪有足够的清洁饮水。

8. 维修

做好栏架、食箱、漏缝地板、控温设施和饮水器保养、维修工作。

9. 记录

及时准确做好各种记录，并及时上报日报表、周报表和月报表等。

10. 节支降耗，增产增收。

三、工作安排

工作安排可分为日工作安排和周工作安排（表 5.23、表5.24）。

表 5.23 保育舍日工作安排

上午			下午		
7：30~ 8：30	8：30~ 9：30	9：30~ 11：30	14：30~ 16：30	16：00~ 17：00	17：00~ 17：30
喂饲	观察猪群、治疗	清理卫生、其他工作	清理卫生、其他工作	喂饲	观察猪群、治疗、其他工作

表 5.24 保育舍周工作安排

时间	工作安排
星期一	1. 日常工作 2. 保育仔猪转栏 3. 冲洗空栏并消毒 4. 将需要特别照顾的仔猪集中起来 5. 特殊工作
星期二	1. 日常工作 2. 常规大消毒，更换消毒池内药液 3. 进行各种疫苗的注射以及体内外的驱虫、消毒等预防工作 4. 特殊工作
星期三	1. 日常工作 2. 进行各种疫苗的注射，以及体内外的驱虫、消毒等预防工作 3. 消毒、准备好接收断奶仔猪的栏舍 4. 特殊工作
星期四	1. 日常工作 2. 接收产仔舍转来的断奶仔猪 3. 根据体重进行适当的调群 4. 特殊工作
星期五	1. 日常工作 2. 大清洁，清理杂物，打扫灰尘、蜘蛛网及其他设备 3. 种猪初选并戴耳标 4. 特殊工作

周次	工作安排
星期六	1. 日常工作 2. 更换消毒池内的消毒液 3. 常规消毒 4. 特殊工作
星期日	1. 日常工作 2. 检查维修各类设备 3. 记录、整理各种报表，并准时上交 4. 特殊工作

四、操作规程细则

（1）转入猪前，空栏要彻底冲洗消毒，空栏时间不少于 3 天，以 7 天以上为宜。

（2）做好接收断奶仔猪的转栏工作，接收前要切实抓好栏舍的清洗和消毒工作。

（3）转入、转出猪群每周一批次，猪栏的猪群批次清楚明了。

（4）及时调整猪群，按强弱、大小、公母分群。保持合理的密度，病猪及时隔离饲养。

（5）小猪 29~63 日龄喂保育仔猪料。转栏后的一周左右要使用乳猪料，做好饲料的过渡，防止仔猪换料应激。这一阶段自由采食，喂料时参考喂料标准，以每餐喂八九成饱、不剩料为原则。

（6）保持圈舍卫生，加强猪群调教，训练猪群吃料、睡觉、排便"三定位"。

（7）干粪便要用车拉到化粪池或指定位置。

（8）清理卫生时注意观察猪群排粪情况，喂料时观察食欲情况，休息时检查呼吸情况，发现病猪，对症治疗。严重病猪隔离饲养，统一用药。

（9）按季节温度的变化，调整好通风控温设备，经常检查饮水器，做好防暑降温等工作。

（10）分群合群时，为减少咬架而产生应激，应遵守"留弱不留强""拆多不拆少""夜并昼不并"的原则，可对并圈的猪喷洒药液，如来苏儿，清除气味差异。合群后饲养员要多加观察。

（11）每周常规消毒两次，每周消毒药更换一次。

（12）按免疫程序做好仔猪的免疫工作和体内外的驱虫工作。

◆知识链接

饲养员对竹竿的妙用

每个饲养员都要在自己的猪舍中预备一根竹竿，长度大约和猪舍的深度差不多，即站在猪舍走道里触到远靠墙角的猪。这根竹竿在巡视猪舍时，可以用竹竿一端对任何的一头可疑猪进行驱赶，以便观察，还可用它来检测饮水器是否通畅。另一端用来检查料箱（槽）中的饲料多少或有无发霉变质，减少了饲养员跳入跳出圈舍，惊动猪群等。

第十五节　育成舍精细化管理

一、工作目标

1. 生长育成阶段成活率

生长阶段≥98%，育肥阶段≥99%。

2. 饲料转化率

生长阶段（22～60kg）≤2.8∶1，育肥阶段（60～100kg）≤3.2∶1。

3. 日增重

生长阶段（22~60kg）≥775g，育肥阶段（60~100kg）≥816g。

4. 生长育肥阶段

22~100kg 阶段，饲养日龄≤105 天，全期饲养日 168 天。

二、工作职责

1. 准备

每批保育猪转入生长舍前，要做好清洗消毒栏舍、补料槽及其他准备工作。

2. 供水、供料

提供充足的饮水和标准的饲料，饲料的饲喂参照场部的要求。

3. 卫生

及早训练新调入的猪群定点拉粪、定点采食饮水的良好习惯。及时清除干粪，保持圈舍卫生，保持饲料的清洁卫生。

4. 观察、治疗

观察猪群健康状况，发现病猪及时治疗，并做好记录。

5. 调群

转入猪要按大小、强弱分群，病猪隔离饲养。

6. 消毒

空栏彻底冲洗消毒。

7. 环境控制

根据气候的变化和猪只的大小做好通风、防暑降温、保温等工作，控制好舍内的小气候。

8. 防疫、保健

严格执行卫生防疫制度和免疫程序，并做好体内外驱虫工作。

9. 记录

做好设备的检查、维修及各种记录、报表。

10. 节支降耗，增产增收。

三、工作安排

工作安排分日工作安排和周工作安排（表5.25、表5.26）。

表5.25 育成舍日工作安排

上午			下午		
7：30~ 8：30	8：30~ 9：30	9：30~ 11：30	14：30~ 16：00	16：00~ 17：00	17：00~ 17：30
喂饲	观察猪群、治疗	清理卫生、其他工作	清理卫生、其他工作	喂饲	观察猪群、治疗、其他工作

表5.26 育成舍周工作安排

时间	工作安排
星期一	1. 日常工作 2. 调整猪群，清洗消毒空置的猪栏，做好接收保育仔猪准备工作 3. 调生长猪入育肥舍 4. 特殊工作
星期二	1. 日常工作 2. 进行各种疫苗的注射以及体内外的驱虫、消毒等预防工作 3. 常规大消毒 4. 清洗和消毒空置的生长猪栏 5. 特殊工作
星期三	1. 日常工作 2. 进行各种疫苗的注射，以及体内外的驱虫、消毒等预防工作 3. 特殊工作

时间	工作安排
星期四	1. 日常工作 2. 接收保育舍转来的仔猪 3. 及时清洗并消毒生长舍空置的猪栏 4. 特殊工作
星期五	1. 日常工作 2. 大清洁、清理杂物，清扫灰尘、蜘蛛网 3. 种猪选留 4. 特殊工作
星期六	1. 日常工作 2. 更换消毒池内的消毒液 3. 常规消毒 4. 特殊工作
星期日	1. 日常工作 2. 检查维修各类设备 3. 整理各种报表，并准时上交 4. 特殊工作

四、操作规程细则

1. 消毒空栏

转入猪前，空栏要彻底冲洗消毒，空栏时间不少于3天。

2. 猪群转入、转出

每周一批次，猪栏的猪群批次清楚明了。

3. 调群

及时调整猪群，按强弱、大小、公母分群，保持合理的密度。病猪及时隔离饲养。

4. 喂料

64~112日龄喂生长猪料，112~168日龄喂育肥猪料（种猪喂妊娠母猪料），自由采食，喂料时参考喂料标准，以每餐喂八九成饱、不剩料为原则。

5. 供水

供充足清洁的饮水。

6. 卫生

保持圈舍卫生，加强猪群调教，训练猪群吃料、睡觉、排便"三定位"。干粪便要用车拉到化粪池或场部指定位置。

7. 观察

清理卫生时注意观察猪群排粪情况，喂料时观察食欲情况，休息时检查呼吸情况，发现病猪，对症治疗。严重病猪隔离饲养，统一用药。

8. 环境控制

按季节温度的变化，调整好通风降温、保暖等设备，做好防暑降温、保暖等工作。

9. 合理分群

为减少咬架而产生应激，应遵守"留弱不留强""拆多不拆少""夜并昼不并"的原则，可对并圈的猪喷洒药液（如来苏儿）清除气味差异。合群后饲养员要多加观察。

10. 消毒

每周常规消毒一次，每周消毒药更换一次。

11. 出栏

出栏猪要事先鉴定合格（100~110kg）后才能出场，残次猪特殊处理。

注：有时根据行情价格出栏，有时根据强弱大小挑选出栏。

◆ **知识链接**

防止猪咬架口诀

猪咬架常在合群并圈时发生，据经验，编口诀如下：

夜并昼不并：合群并圈最好晚上进行，并圈后关灯。

拆多不拆少：把猪只少的留原圈不动，把头数多的并往头数少的猪圈。

拆强不拆弱：把较弱的猪留在原圈不动，把较强的猪调出并圈。

先混再合圈：把需并圈的猪先放在空旷场地混养 1 天，再入圈。

新先进原后进：把原圈猪先赶出，新进猪先入圈，再把原圈猪赶入。

第十六节　人工授精操作

猪的人工授精是指用器械采取公猪的精液，经过检查、处理和保存，再用器械将精液输入到发情母猪的生殖道内以代替自然交配的一种配种方法。

一、采精公猪的调教

（1）先调教性欲旺盛的公猪，下一头隔栏观察、学习。

（2）清洗公猪腹部及包皮部，挤出包皮积尿，按摩公猪的包皮部。

（3）诱发爬跨，用发情母猪的尿或阴道分泌物涂在假台猪上，同时模仿母猪叫声，也可用其他公猪的尿或口水涂在假台猪上，目的都是诱发公猪爬跨欲（图5.26）。

（4）上述方法都不奏效时，可赶来一头发情母猪，让公猪空爬几次，在公猪很兴奋时赶走发情母猪。

（5）公猪爬上假台猪后即可进行采精。

图 5.26　用假台猪对公猪进行爬跨调教

（6）调教成功的公猪在一周内每隔一天采一次精，巩固其记忆，以形成条件反射。对于难以调教的公猪，可实行多次短暂训练，每周 4~5 次，每次至多 15~20min。如果公猪表现出厌烦、受挫或失去兴趣，应该立即停止调教训练。后备公猪一般在 8 月龄开始采精调教。

（7）注意：在公猪很兴奋时，要注意公猪和采精员自己的安全，采精栏必须设有安全角。无论哪种调教方法，公猪爬跨后一定要进行采精，不然公猪很容易对爬跨假台猪失去兴趣；调教时，不能让两头以上公猪同时在一起，以免引起公猪打架等，影响调教的进行和造成不必要的经济损失。

二、采精

（1）采精杯的制备：先在保温杯内衬一个一次性食品袋，再在杯口覆四层脱脂纱布，用橡皮筋固定，要松一些，使纱布能沉入杯子 2cm 左右。制好后放在 37℃恒温箱备用。

（2）在采精之前先剪去公猪包皮上的被毛，防止干扰采精及细菌污染。

（3）将待采精公猪赶至采精栏，挤出包皮积尿，然后用0.1%高锰酸钾溶液清洗其腹部及包皮，再用清水洗净，擦干。

（4）按摩公猪的包皮部，待公猪爬上假台猪后，用温暖清洁的手（有无手套皆可）握紧伸出的龟头，顺公猪前冲时将阴茎的"S"状弯曲拉直，握紧阴茎的螺旋部第一和第二褶，在公猪前冲时允许阴茎自然伸展，不必强拉。充分伸展后，阴茎将停止推

图 5.27　采精

进，达到强直、"锁定"状态，开始射精。射精过程中不要松手，否则压力减轻将导致射精中断（图 5.27）。

（5）收集浓精液：只采集中段浓精部，后段的精液应弃去不用。注意在收集精液过程中防止包皮部液体或雨水等进入采精杯。集精杯应保持在 35℃的恒温。

（6）注意在采精过程中不要碰阴茎体，否则阴茎将迅速缩回。

（7）采精后尽快冲洗采精栏，下班之前彻底清洗采精栏。

（8）采精频率：成年公猪每周两次，青年公猪每周一次。最好能固定每头公猪的采精频率，不得闲置。

◆知识链接

猪感觉器官特性

嗅觉：猪嗅觉很灵敏。凭借灵敏的嗅觉，能识别群内个体、自己的圈舍、卧位、饲料、母乳的气味；能保持群体之间、母仔之间的联系；能使仔猪固定奶头；能辨别饲料的优劣。利用这一特点，在合群并圈、更换饲料等环节，要加强管理。

听觉：猪听觉灵敏，即使很微弱的声响，都能敏锐觉察到。另外，猪头转动灵活，可以鉴别声音的强弱、音调等，容易对呼名、口令和声音刺激建立条件反射。利用这一特点，可调教养成好习惯。

视觉：猪视觉差，视力范围小，对光的强度、颜色和物体的形状分辨能力较差，利用这一特点，可用假台猪对公猪进行采精训练。

三、稀释精液及注意事项

（1）稀释液充分溶解，与精液接触的各种物品要保持在35℃，要清洁，并且对精液无损害。

（2）采精完毕，尽快对原精进行处理，高温久置和温度的剧烈变化对精虫会造成损害。

（3）准确测量稀释液和原精液的温度，稀释时二者之间的温差不要超过1℃。

（4）一个输精量8.5mL左右，精虫数40亿~60亿，活力≥60%，畸形率≤20%。

（5）贮精瓶装入精液后，应排尽瓶内的空气。

（6）让贮精瓶在室温下避光存放0.3~1h，降至室温再放入17℃冰箱中保存。

（7）不同种类的精液要贴上标签。

四、精液品质检测

1. 本交公猪的精检原则

（1）所有在用公猪于每次采精完毕后，必须进行精液品质的检查。

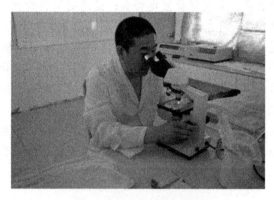

图 5.28 公猪精液品质检查

（2）精检不合格的公猪绝对不可以使用。

（3）所有后备公猪必须在精液品质检查合格后方可使用。

（4）不合格公猪的复检工作，请按"五周四次精检法"进行复检。

2. 五周四次精检法

（1）首次精检不合格的公猪，7天后复检。

（2）复检不合格公猪，10天后采精，作废，再隔4天后采精检查。

（3）仍不合格者，10天后再采精，作废，再隔4天后第四次检查，经过连续五周四次精检，一直不合格的公猪建议做淘汰处理，若中途检查合格，视精液品质状况酌情使用（图5.28）。

3. 公猪全份精液品质检查暂行标准

（1）优：精液量 250mL 以上，活力 0.8 以上，密度 3.0 亿/mL 以上，畸形率 5%以下，感观正常。

（2）良：精液量 150mL 以上，活力 0.7 以上，密度 2.0 亿/mL 以上，畸形率 10%以下，感观正常。

（3）合格：精液量 100mL 以上，活力 0.6 以上，密度 0.8 亿/mL 以上，畸形率 18%（夏季为 20%）以下，感观正常。

（4）不合格：精液量 100mL 以下，活力 0.6 以下，密度 0.8 亿/mL 以下，畸形率 18%以上，感观正常。上面四个条件只要有一个符合即评为不合格。

五、贮存精液注意事项

（1）保持恒温 17℃，要注意测量恒温箱中的实际温度。

（2）间隔 12h，重新混匀精液一次，注意动作要轻柔，不要剧烈振荡。

（3）根据不同的稀释液，确定精液的保存时间，长时间地保存总是对精子不利的，因而先制作的精液要先使用。

六、适时输精

输精时间安排见表 5.27。

表 5.27　输精时间安排

断奶至稳定发情	适时输精时间					
	每天两次发情鉴定				每天一次发情鉴定	
	输精 2 次	输精 3 次	输精 2 次	输精 3 次	输精 2 次	输精 3 次
4 天	第二天上午 第二天下午	第二天上午 第二天下午 第三天上午	第二天下午 第三天上午	第二天下午 第三天上午 第三天下午	第二天上午 第二天下午	第一天下午 第二天上午 第二天下午

续表

断奶至稳定发情	适时输精时间					
	每天两次发情鉴定				每天一次发情鉴定	
	输精2次	输精3次	输精2次	输精3次	输精2次	输精3次
5天	第一天下午 第二天上午	第一天下午 第二天上午 第二天下午	第二天上午 第二天下午	第二天上午 第二天下午 第三天上午	第一天下午 第二天上午	第一天下午 第二天上午 第二天下午
>6天;后备猪复发情	第一天上午 第一天下午	第一天上午 第一天下午 第二天上午	第一天上午 第二天上午	第一天下午 第二天上午 第二天下午	第一天上午 第一天下午	第一天上午 第一天下午 第二天上午

七、输精操作

刚开始用人工授精的猪场多采用一次本交、两次人工授精的做法，逐渐过渡到全部人工授精。

1. 发情母猪适宜的输精时间

（1）断奶后 3~10 天发情的经产母猪，出现站立反射后 6~12h 进行首次输精。

（2）断奶后 10 天以上发情的经产母猪，出现站立反射立即输精。输精前必须检查精子活力，活力低于 0.6 的精液坚决废弃。

2. 生产线的具体操作程序

（1）准备好输精栏、0.1% 高锰酸钾消毒水、清水、抹布、精液、剪刀、针头、干燥清洁毛巾等。

（2）先用消毒水清洁母猪外阴周围、尾根，再用温和清水洗去消毒水、抹干外阴。

（3）将调情公猪赶至输精栏前，使母猪输精时与公猪有口鼻接触，输完几头母猪更换一头公猪以提高公、母猪的兴奋度。

（4）从密封袋中取出无污染的一次性输精管（手不准接触

其前 2/3 部），在其前端涂上对精子无毒的润滑油。

（5）将输精管斜向上插入母猪的生殖道内，当感觉到有阻力时再稍用一点力，直到感觉其前端被子宫颈锁定为止（图5.29）。

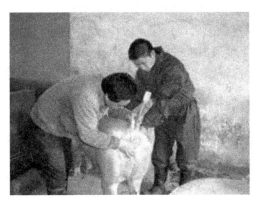

图 5.29　对母猪输精

（6）从贮存箱中取出精液，确认标签正确。

（7）小心摇匀精液、剪去瓶嘴，将输精瓶接上输精管，开始输精。

（8）轻压输精瓶，确认精液能流出，1~2min 后用针头在瓶底扎一小孔，按摩母猪乳房、外阴或压背，使子宫产生负压将精液吸纳，绝不允许将精液挤入母猪的生殖道内。

（9）通过调节输精瓶的高低来控制输精时间，一般 3~5min 输完，最快不要低于 3min，防止吸得快，倒流也快。

（10）输完后在防止空气进入母猪生殖道的情况下，在输精管后端 5cm 处折起塞入输精瓶中，让其留在生殖道内，任其自然滑脱。于下班前收集好输精管，冲洗输精栏。

（11）输完一头母猪后，应立即登记配种记录，如实评分。

补充几点说明：

133

1）精液从 17℃ 冰箱取出一般不需要升温，直接用于输精，但检查活力时需将玻片加热至 37℃。

2）经产母猪选用海绵头输精管，后备母猪选用螺旋头输精管。输精前需检查海绵头是否松动。

3）两次输精之间的时间间隔为 8~12h。

4）输精过程中出现拉尿情况要及时更换一条输精管，拉粪后不准再向生殖道内推进输精管。

5）第二次输精才出现稳定发情的母猪可加一次输精。

八、输精注意事项

（1）发情鉴定后到输精前，待配母猪不得与公猪有任何接触。

（2）输精时贯彻公猪在场的原则，让公、母猪有鼻对鼻的接触。

（3）插入输精管要轻柔，插入后要锁定确实。输精前要迅速排出输精管中的空气。

（4）输精时，倒跨坐在母猪背上，并不停地对母猪的腹部、阴部、背部施以有节律的良性刺激。

（5）输精时间不得少于 3min，尽量避免精液的倒流，不得用力挤压贮精瓶，最好让精液依靠重力作用和母猪子宫的收缩"吸入"。

（6）不要拍打、惊吓母猪（配种后，用力拍打母猪臀部的做法是错误的），躺卧的母猪也不要强行使其站立。

（7）输精管不得接触任何消毒药品。润滑剂要对精液没有损伤作用。

（8）输精完后，保持输精管插入一定时间，最好让其自由脱落。

九、人工授精实验室的职责范围

（1）保证生产线的所有在用公猪每次采精后检查精液一次，不合格公猪按"五周四次精检法"进行复检。

（2）做好精液采集计划，保证全场精液的正常供应，把好精液质量关。

（3）每月至少一次向场长汇报全场公猪的精液品质状况。

（4）负责收集每周的人工授精周报表，每月装订一次。

（5）做好人工授精方面的物品消耗情况和精液使用记录，提前做好常用消耗品的采购计划，报场长批准。

（6）负责实验室的清洁卫生以及所有设备的日常护理和简单维修。

（7）负责生产线输精工作的指导及监督工作。

（8）人工授精成绩的分析和总结，及时发现问题，不能解决的问题及时向上级汇报。

第六章 规模化养猪场饲养技术管理

第一节 规模化养猪场的设计参数

一、养猪场选址

一个比较理想的养猪场，应具备以下几个方面的基本条件：地势高燥，水源、电源充足，交通便利，土质坚实，生态环保合理。

二、生产区各类猪舍规划及参数

1. 确定工艺参数

为了准确计算场内各期、各生产群的猪只数和存栏数以及各猪舍所需栏位数、饲料需要量和产品数量，必须根据本场猪群的遗传基础、生产力水平、技术水平、经营管理水平和物质保证条件，以及已有的历史生产记录和各项信息资料，实事求是地确定生产工艺参数（见第五章第二节生产指标）。

2. 确定采用的生产工艺流程

规模化养猪大都采用先进的全进全出流水式阶段饲养的养猪生产工艺。所谓全进全出，是指在同一时间内将同一生长发育繁殖阶段的猪群，全部从一种猪舍转至另一种猪舍。流水式生产线是从猪的配种、妊娠、保育、生长育肥至销售形成一条龙的流水作业。按母猪的不同生理阶段及其他猪的不同生长时期，可划分为若干连续工艺阶段。每一阶段饲养着处于同一发育时期、具有同一饲养要求的猪群，经过一段饲养后，按工艺流程转到下一个阶段。工艺阶段间紧密结合，一环扣一环，均衡进行。由于设备条件、规模大小和分阶段的多少不同，其工艺流程也多样。一般而言，规模越大，工艺阶段越多；反之，则工艺阶段越少。目前饲养工艺大体有以下几种：

（1）四阶段饲养，三次转群工艺流程：四阶段饲养工艺是将种母猪分成空怀妊娠阶段和分娩哺乳阶段，商品猪分成断奶仔猪阶段和生长肥育阶段。分别置于空怀妊娠舍、分娩哺乳舍、断奶仔猪培育舍和生长育肥舍。

四阶段饲养的优点：转群次数相对少；工艺简单，便于操作和控制；待配母猪、妊娠母猪、分娩哺乳母猪和后备公猪在同一猪舍内分区饲养，减少猪舍种类和猪舍维修。

（2）五阶段饲养，四次转群工艺流程：把空怀母猪和妊娠母猪编为一群，分娩哺乳母猪和仔猪为一群，仔猪断奶后进保育舍为一群，仔猪培育后转入生长舍为一群，最后为育肥群。五个阶段的猪群分别饲养在空怀妊娠母猪舍、分娩哺乳舍、仔猪保育舍、生长舍和育肥舍。与四阶段饲养的不同之处在于把商品猪再分为生长和育肥两个阶段。

（3）六阶段饲养，五次转群工艺流程：这种工艺便于猪群全进全出，利于防疫。但转群次数较多，增加了劳动量，增加了猪只的应激反应。

三、各类猪舍存栏数估算（以万头猪场为例）

各类猪群存栏量可依据生产规模和采用的饲养工艺进行估测，下面以万头商品猪场采用六阶段饲养工艺为例说明估算方法。

（1）年平均需要母猪总头数 =

$$\frac{10\ 000}{\text{年产胎次×窝产活仔×从出生至出栏各阶段成活率}}$$

$$=\frac{10\ 000}{2.24×9×0.9×0.95×0.98}=592（头）$$

（2）公猪头数 = 母猪总头数×公母比例 = 592×1/25 = 24（头）

（3）空怀待配舍母猪头数 $=\dfrac{\text{总母猪头数×饲养日数}}{\text{繁殖周期}}$

$$=\frac{592×（14+21）}{163}=127（头）$$

（4）妊娠舍母猪头数 $=\dfrac{\text{总母猪头数×饲养日数}}{\text{繁殖周期}}$

$$=\frac{592×（114-21-7）}{163}=312（头）$$

（5）分娩舍母猪头数 $=\dfrac{\text{总母猪头数×饲养日数}}{\text{繁殖周期}}$

$$=\frac{592×（7+35）}{163}=153（头）$$

（6）哺乳仔猪头数 =

$$\frac{\text{总母猪头数×年产胎次×每胎产活仔数×饲养日数}}{365}$$

$$=\frac{592×2.24×9×35}{365}=1\ 144（头）$$

（7）36~70 日龄保育仔猪头数 =

$$\frac{\text{总母猪头数年产胎次×每胎产活仔数×断奶成活率×饲养日数}}{365}$$

$$= \frac{592 \times 2.24 \times 9 \times 0.9 \times 35}{365} = 1\,030 \ (\text{头})$$

（8）生长舍中猪头数＝

$$\frac{\text{年产胎次} \times \text{每胎产活仔数} \times \text{断奶成活率} \times \text{保育成活率} \times \text{饲养日数}}{365}$$

$$= \frac{592 \times 2.24 \times 9 \times 0.9 \times 0.95 \times 56}{365} = 1\,566 \ (\text{头})$$

（9）育肥舍大猪头数＝

$$\frac{\text{年产胎次} \times \text{每胎产活仔数} \times \text{断奶成活率} \times \text{保育成活率} \times \text{饲养日数}}{365}$$

$$= \frac{592 \times 2.24 \times 9 \times 0.9 \times 0.95 \times 49}{365} = 1\,370 \ (\text{头})$$

四、确定各类猪舍栋数

1. 确定繁殖节律

组建起哺乳母猪群的时间间隔（天数）叫作繁殖节律。严格合理的繁殖节律是实现流水式生产工艺的前提。一定时间间隔、一定规模组成一猪群，在指定的圈舍单元内饲养一定时间，然后转出或屠宰，空出的圈舍单元接纳新一批猪群，这样能保证全场的流水式生产。这也是均衡生产商品猪、有计划利用猪舍、合理组织劳动管理的保证。繁殖节律按间隔天数分为 1 日、2 日、3 日、7 日或 10 日制，视集约化规模而确定。年产 5 万~10 万头商品肉猪的大型猪场多实行 1 日或 2 日制，即每日有一批猪配种、产仔、断奶、仔猪育成和肉猪出栏；年产 1 万~3 万头商品肉猪的企业多实行 7 日制；规模较小的养猪场一般采用 12 日、28 日或 56 日制。

2. 确定生产群的群数

应组建的生产群的群数，是按照各生产群的猪在每个工艺阶段的饲养日除以繁殖节律来计算的。根据每个工艺阶段的猪群头数除以群数即可得到每群的头数。

以万头猪场为例计算的结果如表 6.1 所示。

表 6.1　以万头猪场为例计算的结果

猪群	饲养日	繁殖节律	群数	总头数	每群头数
空怀待配母猪	35	7	5	127	26
妊娠母猪	86	7	12	313	26
哺乳母猪	42	7	6	152	26
保育仔猪	35	7	5	1 020	206
生长育肥猪	105	7	15	2 300	198

3. 各类猪舍栋数的估算

（1）哺乳母猪舍：按繁殖节律组建的每个分娩哺乳母猪群占一栋猪舍，但要考虑消毒时间一般为 7 天，则哺乳母猪舍栋数为：（饲养日+消毒日）÷繁殖节律＝（42+7）÷7＝7（栋）

（2）保育仔猪舍：（饲养日+消毒日）÷繁殖节律＝（35+7）÷7＝6（栋）

（3）生长育肥猪舍：如果按每一个生产群占一栋猪舍来考虑，则需要 15 栋，如加上消毒日则为 16 栋。这样猪舍栋数太多，不便于管理，可考虑多个生产群占同一栋猪，如果 3 个生产群占一栋猪舍则栋数为 15÷3＝5（栋），考虑消毒需要再加 1 栋，6 栋可满足需要。

（4）妊娠母猪舍：与生长育肥舍相同，如果每一个生产群占一栋，猪舍则需 12 栋，加上消毒日则为 13 栋。可以考虑多个生产群占同一栋猪舍，如 4 个生产群占一栋，栋数＝12÷4＝3（栋），考虑消毒需要多加 1 栋，实建栋数＝3+1＝4（栋），如果不考虑消毒需要实建数为 3 栋。

（5）空怀待配母猪舍：按照以上思路，如果 3 个生产群占一栋猪舍，栋数＝5÷3≈2（栋），考虑消毒需要加1栋。总栋数为2+1＝3（栋），如果不考虑消毒需要，实建2栋即可。

4. 猪舍内净跨度计算

计算各类猪舍舍内净跨度要综合考虑猪群类别、数量、猪占栏面积、栏宽、栏距墙距离、栏位排列方式、走道宽、猪舍一端或两端预留等因素。

五、各类猪群圈养密度技术参数

各类猪群圈养密度技术参数如表6.2所示。

表6.2　各类猪群圈养密度技术参数

技术参数\猪群类别		每栏养猪头数（头）		每头猪占面积（m²）	
		商品场	育种场	商品场	育种场
群养栏	后备公猪	10	10	2	2
	空怀及妊娠前期母猪	25	20	1.5	1.8
	妊娠后期母猪	2	2	2.5	2.5
	育成猪	30	30	0.25	0.3
	后备母猪	30	30	0.5	0.7
	育肥期	50	—	0.5	—
	成年育肥期	7	—	0.7	—
	后备种公猪	10	—	2.5	—
个体栏	种公猪	1	1	7	8
	妊娠后期与泌乳期母猪	1	1	5	8

六、其他技术参数

1. 双列舍参数

过道宽1.2m；栏宽2.2~3m；栏距墙0.8~1.2m；猪舍端预

留空间 3~4m。

2. 各类猪舍舍内净跨度计算（本计算仍以上述假定为准）

（1）空怀待配舍（2 栋）：每栋内空怀待配母猪 26×3 = 78（头），种公猪按 1 头计，后备猪可按 50 头计，三类猪头均占栏面积分别按 1.6m²、7m²、0.6m² 计，则总栏位面积：78×1.6+15×7+50×0.6 = 260（m²）。栏呈双列式布局，单列栏宽 2.3m，则栏净长度：260÷4.6 = 57（m）。舍端预留空间为 4m，北侧栏距墙 1m，过道 1.2m，则舍内净跨度长 = 57+4 = 61（m），宽 = 4.6+1.2+1 = 6.8（m）。

（2）妊娠舍（4 栋）：每栋可容纳妊娠母猪 26×4 = 104（头），采用限位栏饲养，栏宽 0.7m，长 2.3m，双列式布局，栏距墙 1.2m，舍端预留空间为 4m，过道 1.2m，则舍长为 41m，宽 8.2m。

（3）分娩舍（7 栋）：每栋容纳 26 头分娩哺乳母猪，每头占一个分娩床，每个分娩床宽 2.1m，长 2.3m。双列式布局，栏距墙 1.2m，舍端预留空间为 4m，过道 1.2m，则舍长：13×2.1+4 = 31.3（m），宽 = 4.6+3×1.2 = 8.2（m）。

（4）仔猪保育舍（6 栋）：每栋容纳 206 头保育仔猪，每头仔猪占栏面积 0.35m²，双列式布局，舍端预留空间 4m，过道 1.2m，栏宽按 3m 计，则舍长 = 206×0.35÷6+4 = 16（m），舍宽 = 6+1.2 = 7.2（m）。

（5）生长育肥舍（6 栋）：每栋可容纳 198×3 = 594（头）生长育肥猪，每头生长育肥猪占栏面积按 0.75m² 计，双列式布局，舍端预留空间 4m，过道宽 1.2m，栏宽按 3m 计，则舍长 = 594×0.75÷6+4 = 78（m），宽 = 6+1.2 = 7.2（m）。

七、非生产建筑规划

辅助性生产建筑和非生产性建筑面积指标参照表 6.3，其他事宜不再细述。

表6.3 非生产建筑面积指标参数

规模/（头·年）	辅助生产建筑/m²	门卫、办公、食堂、宿舍/m²
3 000	500~600	200
5 000	660~700	260
10 000	1 000~1 100	400
10 000 以上	按0.8~1 m²/头增加	宿舍：在编职工数×0.35×50 其余245~335

八、养猪场的布局

种猪场应按育种核心群→良种繁殖场→一般繁殖场方向布置，育种核心群在上风向。每个分场按生活管理区→生产配套区（饲料加工车间、仓库、兽医化验室、消毒更衣室等）→生产区（猪舍）排列。并且严格做到生产区和生活管理区分开，生产区周围应有防疫保护措施。生产区按空怀待配舍、妊娠舍、分娩舍、保育舍、生长舍、育肥舍、装猪台，依次从上风向往下风向排列。

九、养猪场规划的技术要求

养猪场规划应坚持有利于防疫，便于组织生产的理念。首先，应采用全进全出流水式生产工艺，按照繁殖节律组建生产群，并配备符合生产要求、便于组织"全进全出"工艺、猪群数量相适应的专用猪舍。这样既可以有效切断不同生产群之间的交叉感染，又便于均衡生产商品猪，有计划地利用猪舍及合理组织劳动管理。其次，生活管理区、生产配套区、生产区应严格区分开。再次，猪场的选址应有利于防疫。猪场应选在易于排水、清洁卫生、远离污染源的地方。

第二节 猪的生物学、行为学特征

猪在进化过程中形成了许多生物学特性，不同的猪种或不同的类型，既有种属的共性，又有各自的特性。在饲养生产实践中，要不断地认识和掌握猪的生物学特性，并按适当的条件加以充分利用和改造，以便获得较好的饲养和繁育效果，达到安全、优质、高效和可持续发展的目的。

一、繁殖率高，世代间隔短

猪一般4~5月龄达到性成熟，6~8月龄就可初次配种。妊娠期短，只有114天，1岁时或更短的时间内可以第一次产仔。据报道，中国优良地方猪种，公猪3月龄开始产生精子，母猪4月龄开始发情排卵，比国外品种早3个月。太湖猪7月龄便有分娩的。

猪是常年发情的多胎高产动物，一年能分娩两胎，若缩短哺乳期，母猪进行激素处理，可以达到两年五胎或一年三胎。

经产母猪平均一胎产仔10头左右，比其他家畜要高产。我国太湖猪的产仔数高于其他地方猪种和外国猪种，窝产活仔数平均超过14头，个别高产母猪一胎产仔超过22头，最高纪录窝产仔数达42头。

生产实践中，猪的实际繁殖效率并不算高，母猪卵巢中有卵原细胞11万个，但在它一生的繁殖利用年限内只排卵400枚左右。母猪一个发情周期内可排卵12~20个，而产仔只有8~10头；公猪一次射精量200~400mL，含精子数200亿~800亿个。可见，猪的繁殖效率潜力很大。试验证明，通过外激素处理，可使母猪在一个发情期内排卵30~40个，个别的可达80个，个别高产母猪一胎产仔数可达15头以上。因此，只要采取适当繁殖措施，改善营养和饲养管理条件，以及采用先进的选育方法，进一步提高猪的繁殖效率是可能的。

二、食性广，饲料转化率高

猪是杂食动物，门齿、犬齿和臼齿都很发达，胃是肉食动物的简单胃与反刍动物的复杂胃之间的中间类型，因而能充分利用各种动植物和矿物质饲料。但猪对食物有选择性，能辨别口味，特别喜爱甜食。

猪对饲料中的能量和蛋白质利用率高。按采食的能量和蛋白质所产生的可食蛋白质比较，猪仅次于鸡，而超过牛和羊。

猪的采食量大，但很少过饱，消化道长，消化特快，能消化大量的饲料，以满足其迅速生长发育的营养需要。猪对精料有机物的消化为76.7%。也能较好地消化青粗饲料，对青草和优质干草的有机物消化率分别达到64.6%和51.2%。但是，猪对粗饲料中粗纤维的消化较差，而且饲料中粗纤维含量越高，猪对日粮的消化率也就越低。因为猪胃内没有分解粗纤维的微生物，几乎全靠大肠内微生物分解。既不如反刍家畜牛、羊的瘤胃，也不如马、驴发达的盲肠。所以，在猪的饲养中，注意精、粗饲料的适当搭配，控制粗纤维在日粮中所占的比例，保证日粮的全价性和易消化性。猪对粗纤维的消化能力随品种和年龄不同而有差异，中国地方猪种较国外培育品种具有较好的耐粗饲特性。

三、生长期短，周转快，积脂力强

在肉用家畜中，猪和马、牛、羊相比，无论是胚胎期还是生长期都是最短的（表6.4）。

表6.4　各种家畜的生长强度比较

畜别	妊娠期/天	生长期/月	初生重/kg	成年体重/kg	体重增加倍数
牛	280	48~60	35	500	14.29
羊	150	24~56	3	60	20
马	340	60	50	500	10
猪	114	6~10	1	100	100

　　由于猪胚胎期短，同胎仔数又多，出生时发育不充分，头的比例大，四肢不健壮，初生体重小（平均只有1~1.5kg），仅占成猪体重的1%。各器官系统发育也不完善，对外界环境的适应能力差，所以，初生仔猪需要精心护理。

　　猪出生后为了补偿胚胎期内发育不足，生后2个月内生长发育特别快。30日龄的体重为初生重的5~6倍，2月龄体重为1月龄的2~3倍，断奶后至8月龄前，生长仍很迅速，尤其是瘦肉型猪生长发育更快。在满足其营养需要的条件下，猪一般160~170天体重可达到90~100kg，相当于初生重的90~100倍，所以猪生长期短、生长发育迅速、周转快等优越的生物学特性和经济学特点，对养猪经营者降低成本、提高经济效益是十分有益的。

四、嗅觉和听觉灵敏，视觉不发达

　　猪生有特殊的鼻子，嗅区广阔，嗅黏膜的绒毛面积很大，分布在嗅区的嗅神经非常密集。因此，猪的嗅觉非常灵敏，对任何气味都能嗅到和辨别。据测定，猪对气味的识别能力高于狗1倍，比人高7~8倍。仔猪在生后几小时便能鉴别气味，依靠嗅觉寻找乳头，在3天内就能固定乳头，在任何情况下，都不会出错。因此，在生产中按强弱固定乳头或寄养时在3天内进行固定乳头较为顺利。猪依靠嗅觉能有效地寻找埋藏在地下很深的食物。凭着灵敏的嗅觉，能识别群内的个体、自己的圈舍和卧位，保持群体之间、母仔之间的密切联系；对混入本群的其他群仔猪能很快认出，并加以驱赶，甚至咬伤或咬死。灵敏的嗅觉在公母性联系中也起很大作用，发情母猪闻到公猪特有的气味，即使公猪不在场，也会表现"呆立"反应。同样，公猪能敏锐闻到发情母猪的气味，即使距离很远也能准确地辨别出母猪所在方位。

猪耳形大，外耳腔深而广，听觉相当发达，即使很微弱的声响，都能敏锐地觉察到。另外，猪头转动灵活，可以迅速判断声源方向，能辨别声音的强度、音调和节律，容易对呼名、口令和声音刺激建立条件反射。仔猪生后几小时，就对声音有反应，到3~4月龄时就能很快地辨别出不同声音。猪对意外声响特别敏感，尤其是与吃喝有关的声响更为敏感，当它听到饲喂器具的声响时，立即起而望食，并发出饥饿叫声。在现代养猪场，为了避免由于喂料声响所引起的猪群骚动，常采取全群同时给料装置。猪对危险信息特别警觉，即使睡眠，一旦有意外响声，就立即苏醒，站立警备。因此，为了保持猪群安静，尽量避免突然的音响，尤其不要轻易抓捕小猪，以免影响其生长发育。

猪的视觉很弱，缺乏精确的辨别能力，视距、视野范围小，不靠近物体就看不见东西。对光刺激一般比声刺激出现条件反射慢很多，对光的强弱和物体形态的分辨能力也弱，辨色能力也差。人们常利用这一特点，用假台猪进行公猪采精训练。

五、适应性强，分布广

猪对自然地理、气候等条件的适应性强，是世界上分布最广、数量最多的家畜之一。除因宗教和社会习俗等原因而禁止养猪的地区外，凡是有人类生存的地方都可养猪。从生态学适应性看，主要表现对气候寒暑的适应、对饲料多样性的适应、对饲养方法和方式（自由采食和限喂，舍饲与放牧）的适应，这些是它们饲养广泛的主要原因之一。但是，如果遇到极端的环境和极其恶劣的条件，猪体会出现应激反应。如果猪体抗衡不了这种环境，生理平衡就遭到破坏，生长发育受阻，生理出现异常，严重时就出现病患和死亡。例如，当温度升高到临界温度以上时，猪的热应激开始，呼吸频率升高，呼吸量增加，采食量减少。生长猪生长速度减慢，饲料转化率降低；公猪射精量减少、性欲变差；母猪不发情。当环境温度超出等热区上限更高时，猪则难以生存。同样冷应激对猪影响也很大，当环境温度低于猪的临界温度时，其采食量增加，增重减慢，饲料转化率降低，打颤、挤堆，进而死亡。又如噪声对猪的影响，轻者可使猪食欲缺乏，发生暂时性惊慌和恐惧行为，呼吸、心跳加速，重者能引起母猪的早产、流产和难产，使猪的受胎率、产仔数减少和变态现象等发生。

六、喜清洁，易调教

猪是爱清洁的动物，采食、睡眠和排粪尿都有特定的位置，一般喜欢在清洁干燥处躺卧，在墙角潮湿有粪便气味处排粪尿。若猪群过大，或圈栏过小，猪的上述习惯就会被破坏。

猪属于平衡灵活的神经类型，易于调教。在生产实践中可利用猪的这一特点，建立有益的条件反射，如通过短期训练，可使猪在固定地点排粪尿等。

七、定居漫游，群居位次明显

猪喜群居，健康猪侧卧不扎堆（图6.1），同一小群或同窝仔猪间能和睦相处，但不同窝或群的猪新合到一起，就会相互撕咬，并按来源分小群躺卧，几日后才能形成一个有次序的群体。在猪群内，不论群体大小，都会按体质强弱建立明显的位次关系，体质好、"战斗力强"的排在前面，稍弱的排在后面，依次形成固定的位次关系。若猪群过大，就难以建立位次关系，相互争斗频繁，影响采食和休息。

图6.1 猪群居，健康猪侧卧不扎堆

第三节 中、外猪种种质特性比较

一、中国猪种种质特性

中国地方猪种具有许多独特的种质特性，主要体现在以下几个方面：

1. 繁殖力强

中国地方猪种有较高的繁殖性能，主要表现在母猪的初情期和性成熟早，排卵数和产仔数多、乳头数多、泌乳力强，母性好、发情明显，利用年限长；公猪的睾丸发育较快，初情期、性成熟期和配种日龄均早。

（1）母猪：

1）初情期和性成熟早：据对太湖猪（二花脸猪和嘉兴黑猪）、姜曲海猪、内江猪、大花白猪、民猪、金华猪、大围子猪、河套大耳猪等猪种繁殖性状的研究，中国地方猪种初情期平均（98.08±9.685）日龄，其中二花脸和金华猪的初情期最早，分别为 64 日龄和 74.79 日龄，民猪、大围子猪的初情期相对稍晚，但皆早于国外主要猪种。约克夏猪、杜洛克猪、长白猪、波中猪、切斯特白猪、中约克猪这六个国外猪种的初情期平均在 200 日龄左右，比中国地方猪种晚了近一半的时间。中国地方猪种的性成熟时间也较早，在上述地方猪种中，平均初配日龄为 128.57 天，其中姜曲海猪的初配日龄仅为 90 天，而国外猪种的初配日龄晚得多为 210 天左右。中国地方母猪性成熟早，可从性激素分泌早而浓度高找到部分解释。如嘉兴黑猪，120 日龄时血清含雌二醇 59.5pg/mL，比同龄大约克夏猪的 39.5pg/mL 高 50%；金华母猪，120 日龄为 80.6pg/mL，同龄长白母猪仅为 10.4pg/mL，差异显著。

2）排卵数和产仔数多：中国地方猪种的排卵数，初产母猪平均为（17.21±2.35）个，经产母猪平均为（21.56±2.17）个，其中二花脸猪的排卵数最多，初产和经产母猪的排卵数分别高达 26 个和 28 个；而国外猪种初产母猪平均排卵数为 13.5 个，经产母猪为 21 个。与排卵数多相对应的是产仔数多，江海型、华北型和华中型部分猪种的产仔数显著高于国外引进猪种，太湖猪、民猪、莱芜猪和金华猪等多产型猪种母猪，三胎以上平均产仔数分别为 15.83 头、15.55 头、15.05 头和 14.22 头，而杜洛克、长白、大白、皮特兰等国外主要猪种的经产母猪，平均产仔数不足 12 头（9~12.5 头），差异显著（图 6.2）。

图 6.2 太湖母猪产仔哺乳

3）乳头数多、泌乳力强、母性好：与中国地方猪种高产仔数密切相关的是乳头数多、泌乳力强、母性好。例如，在中国多产型猪种中，二花脸、梅山、枫泾和金华猪的平均乳头数分别高达 18.13 个、16.46 个、17.63 个和 16.3 个，而大白、长白和杜洛克猪平均乳头数分别只有 14.50 个、13.99 个和 12.40 个。中国地方猪种性情温顺、母性好、护仔性强，产后一般不需额外照顾，躺卧前会将幼仔拨开，很少压死踩伤仔猪。据调查，将 20 窝国外猪和 20 窝中国地方猪进行产仔比较，结果国外猪平均断乳成活率为 68.3%，每窝断乳仔猪数为 6.88 头，而中国地方猪平均断乳成活率为 76.9%，每窝断乳仔猪数为 10.73 头。

4）利用年限长：中国地方母猪利用年限特别长，一般可达 8~10 年，金华猪在 20 胎时仍有平均产仔数 11.4 头的高产能力，而国外猪种的利用年限相对短得多。

5）发情明显：中国地方猪种的发情期较长，如民猪的发情持续期一般为3~6天，而国外猪种一般为2~3天。中国地方猪种发情周期为21.1~22.2天、妊娠期为113~115天，与国外和培育猪种无差异。

（2）公猪：

1）睾丸发育快：中国地方猪种60~90日龄睾丸增重1倍多，平均重达（28.96±3.57）g，其中二花脸猪90日龄睾丸重为40.40g，相当于长白猪130日龄的睾丸重。二花脸猪180日龄时睾丸重达159.70g，而国外品种的公猪同期睾丸重量平均不足130g。从生精组织来看，中国地方猪种公猪的发育也较国外猪种快。如75日龄时大围子猪的曲精细管直径为166.61μm，而大约克夏90日龄时只有50~60μm。

2）性成熟早：中国地方猪种的公猪和母猪同样性早熟。就精液中首次出现精子的时间而言，二花脸猪仅为60~75日龄，大花白猪62日龄，而大约克夏猪为120日龄。二花脸小公猪在90日龄时就可采到正常精液，4~5月龄时的精液品质已基本达到成年公猪水平。达配种年龄时的睾酮水平，中国地方猪种平均为（372.30±69.10）ng/mL，其中大花白猪为488.15ng/mL，嘉兴黑猪为466.8ng/mL，而大约克夏猪此时仅有95ng/mL。

2. 抗逆性强

中国地方猪种具有较强的抗逆性，突出体现在抗寒能力、耐粗饲能力、对饥饿的耐受能力、高海拔适应能力以及抗病能力方面均具有良好的表现，这种抗逆性是一种非常独特的遗传性方面的独创和贡献。

（1）抗寒力和耐热性：长期生活在北方地区的地方猪种，由于皮厚、被毛浓而长、冬季密生绒毛，且基础代谢率低，故具有较强的抗寒能力。民猪在-27℃室外环境下，将四肢集于腹下取腹卧姿势，安静而不拱门，无颤抖和鸣叫现象；在-21℃的气温下，河套大耳猪在室外观察30min内，未发生任何行为反应；而长白猪3min出现弓腰，7min出现寒战，颤抖频率达13.6次/min，13min便出现不安现象，急欲回圈。八眉猪仔猪出生后30min的体温降幅为1.05℃，恢复正常体温所需时间为6h，而巴克夏猪体温下降2.11℃，体温恢复正常时间为10h。中国地方猪种还表现出比国外猪种更好的耐热性，如长白猪和哈白猪，在高温环境下（32～39℃）的呼吸数与心率均显著高于民猪、二花脸猪、大围子猪和大花猪；当人工控制温度由27℃上升到38℃时，长白猪的呼吸数增加到60.8次/min，而大花白猪增加到31.87次/min。

（2）耐粗饲能力：中国地方猪种大都能耐青粗饲料，能利用大量青料、统糠等，能在较低的营养水平及低蛋白质情况下获得增重。迄今对度量猪耐粗饲能力的客观标准尚未定论，研究者尝试以饲料中粗纤维的消化率作为度量标准。有关粗纤维在金华猪和长白猪盲肠中的消化率研究表明：当饲粮粗纤维水平为8.8%～11.3%时，金华猪的粗纤维消化率显著高于长白猪。

（3）对饥饿的耐受力：中国地方猪种能在较低的能量水平和蛋白水平情况下获得相应的增重，其生长状况要比在同样低营养条件下的国外猪种及培育猪种好得多。如在人为的低水平饲养条件下，即前30天按维持需要、后30天按维持需要的2/3标准饲养，民猪比哈白猪的耐受时间长；在相当于自由采食26%的亚维持水平下，民猪体内能贮的损耗仅为哈白猪的1/6。

（4）高海拔适应性强：藏猪、内江猪、八眉猪、乌金猪等中国地方猪种具有很强的高海拔适应性。如藏猪在青藏高原地带，乌金猪在云贵高原山区都表现出良好的适应性。试验表明，将内江猪和长白猪同时从海拔505m的平原紧急运往海拔3 394m的高原，内江猪的生理补偿作用很强，能较快适应高海拔缺氧环境。从生理生化指标比较分析中可看出，内江猪红细胞数、血红蛋白与血清的球蛋白含量等都比长白猪增加很多，达到或接近藏猪；血糖明显升高，等于甚至超过藏猪。这对适应空气稀薄的高原环境有益，而长白猪在相同条件下，发病率和死亡率很高。

3. 肉质优良　中国地方猪种素以肉质嫩美著称于世。1979~1983 年，中国主要地区猪种种质特性研究课题组以长白猪、大约克夏猪或哈白猪为对照组，对民猪、河套大耳猪、姜曲海猪、嘉兴黑猪、金华猪、大围子猪、内江猪、香猪和大花白猪的肉质进行了初步分析，结果表明，中国地方猪种在肉色、pH 值、系水力、大理石纹、肌纤维直径、熟肉率和肌肉脂肪含量等诸多肉质性能指标方面都优于国外引进猪种或培育猪种。

4. 生长缓慢，早熟易肥，胴体瘦肉率低

中国地方猪种普遍生长速度较慢，育肥期平均日增重大多在300~600g，大大低于国外引进猪种（>800g/天），如二花脸猪从60 ~ 300 日龄的日增重为 385g，民猪从 75~250 日龄的日增重为418g。

二、国外引进猪种种质特性

引进国外主要猪种种质特性　与中国地方猪种相比，这些引入猪种的种质特性具有以下共同特点：

（1）生长速度快：在中国标准饲养条件下，20~90kg 育肥期平均日增重 650 ~ 750g，高的可达 800g 以上，饲料转化率（2.5~3.0∶1）；国外核心群生长速度更快，育肥期平均日增重可达 900~1 000g，饲料转化率低于 2.5∶1。

（2）屠宰率和胴体瘦肉率高：体重 90kg 时的屠宰率可达70%~72% 以上；背膘薄，一般小于 2cm；眼肌面积大，胴体瘦肉率高，在合理的饲养条件下，90kg 体重屠宰时的胴体瘦肉率为 60% 以上，优秀的达 65% 以上。

（3）繁殖性能较差：母猪通常发情不太明显，配种较难，产仔数较少。长白猪和大白猪经产母猪产仔数为 11～12.5 头/窝，杜洛克、皮特兰和汉普夏猪一般不足 10 头/窝。

（4）肉质欠佳：肌纤维较粗，肌肉脂肪含量较少，口感、嫩度、风味不及中国地区猪种，出现灰白肉（PSE）和暗黑色（DFD）的比例较高，尤其是皮特兰猪的灰白肉发生率较高，汉普夏的酸肉效应明显。

（5）抗逆性较差：对饲养管理条件的要求较高，在较低的饲养水平下，生长发育缓慢，有时生长速度还不及中国地方猪种。

第四节 杂交模式

1. 外三元杂交模式——杜长大（或杜大长）模式

该模式是以长白猪作母本（或父本）与大白猪作父本（或母本），产生的杂交一代（二元）作母本（长大或大长二元母猪），再与杜洛克公猪杂交所产生的三元杂种（商品代杜长大或杜大长）为主要杂交模式，是我国生产出口活猪的主要杂交组合，也是我国猪肉市场的主要肉源。

该模式日增重可达 700～800g，料肉比在 3:1 以下，胴体瘦肉率达 63% 以上。由于利用了三个外来品种的优点，体型好，出肉率高，深受国内外和港澳市场的欢迎。

2. 内三元杂交模式——杜长太模式

该模式是以太湖猪为母本，与长白公猪杂交所产生杂交一代，从中选留母猪，再与杜洛克公猪进行三元杂交，所生产的商品育肥猪投放市场。该模式日增重达 550～600g，达 90kg 体重日龄 180～200 天，胴体瘦肉率 58% 左右。其突出的特点是充分利用杂交母猪繁殖性能好的优势。内三元杂交模式还有多种，其中以该模式最优。该模式虽有诸多不理想因素，但以其多仔、易养、肉质优良而受到欢迎。目前已有众多规模化养猪场采用这种模式。

第五节　规模化养猪场的繁育体系

繁育体系的建立和完善，是现代化养猪生产取得高效益的重要组织保证。完整的繁育体系主要包括以遗传改良为核心的育种场（群），以良种扩繁特别是母本扩繁为中介的繁殖场（群）和以商品生产为基础的生产场（群）。一般育种群较小，需在繁殖场加以扩大，以满足生产一定规模商品育肥猪所需的父母本种源。这样一个三层次的繁殖体系就构成一个金字塔型。

一、育种场（群）

育种场（群）处于繁育体系的最高层，主要进行纯种（系）的选育提高和新品系的培育。其纯繁的后代，除部分选留更新纯种（系）外，主要为繁殖场（群）提供优良种源，用于扩繁生产杂交母猪或纯种母猪，并可按繁育体系的需要直接向生产群提供商品杂交所需的终端父本。因此，育种场（群）是整个繁育体系的关键，起核心作用，故又称为核心场（群）。

二、繁殖场（群）

繁殖场（群）处于繁育体系的第二层，主要进行来自核心场（群）种猪的扩繁，特别是纯种母猪的扩繁和杂种母猪的生产，为商品场（群）提供纯种（系）或杂交后备母猪，保证生产一定规模商品育肥猪的需要。同时，繁殖场（群）按特定繁育体系（如四元杂交）的要求，生产杂种公猪为商品场（群）提供杂交所需的杂种父本。

三、商品场（群）

商品场（群）处于繁育体系的底层，主要进行终端父母本的杂交，生产优质商品仔猪，保证育肥猪群的数量和质量，最经济有效地进行商品育肥猪的生产，为人们提供满意的优质猪肉。育种核心场（群）选育的成果，经过繁殖场（群）到商品场（群）才能表现出来。育种场（群）的投入到商品场（群）才有产出。因此，商品场（群）获得的利润应该拿出一部分再投入育种场（群），进一步提高核心场（群）的选育质量，生产更好的商品猪，使商品场（群）最终获得更多的利润，从而形成一个良性循环的统一的繁育体系。

第六节　猪的繁殖周期

一、繁殖周期

种猪是养猪生产的核心，而种猪的繁殖又是种猪场生产管理的基本内容和重要环节。如何根据种猪繁殖规律确定母猪有效配种头数、合理确定种猪淘汰率，使种猪生产中每个环节 [配种→妊娠→产仔→断奶（哺乳）→育成→育肥→上市] 能紧凑而有序地进行，最大限度地提高养猪生产效率和猪舍利用率，这是种猪场生产管理的基本内容。

一般来说，母猪 8 月龄开始可进入种群并配种，其平均怀孕时间为 114 天，断乳 4 周或 5 周，即 28～35 天仔猪断奶，母猪返回配种舍，仔猪进入保育舍培育。母猪断奶后 5～7 天又发情配种，进入下一个繁殖周期。如图 6.3 所示。

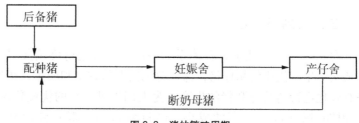

图 6.3　猪的繁殖周期

二、繁殖节律生产工艺参数

集约化养猪场都是采用分阶段饲养和全进全出的连续流水式生产工艺，为了有效地组织生产，首先要确定繁殖节律，即在一定时间内对一群母猪进行人工授精或组织自然交配，使其受胎后及时组建起一定规模的生产群，以便保证分娩后组建起一定规模的哺乳母猪群，并获得规定数量的仔猪。人们把组建哺乳母猪群的时间间隔（日数）叫作繁殖节律。年出栏 1 万~3 万头规模的养猪场多实行 7 日制，规模较小的养猪场采用 14 日、28 日或 56 日制。7 日制繁殖节律有很多优点：第一，可减少空怀和后备母猪的头数，因为猪的发情周期为 21 天，恰好是 7 的倍数。第二，可将繁殖的技术工作和劳动任务安排在 1 周 5 天内完成，避开周六和周日，因为大多数母猪断奶后的 4~6 日发情，因此配种工作可在 3 天内完成。第三，有利于按周、按月、按年制订工作计划，建立有秩序的工作和休假制度，减少工作的混乱和盲目性。

三、母猪分娩指数

1、母猪周期分娩指数

母猪周期分娩指数是 1 年的 365 日除以 1 个繁殖周期所需日数。1 头母猪投入生产后：

第一个周期分娩指数 = 365÷（114 +28）= 2.57；

第二个周期分娩指数 = 365÷（114 +28 +7）= 2. 45。

从上述两个分娩指数可以看出，第二个繁殖周期比第一个多7日，即空怀间隔日数。由此看出，1头母猪从断奶到下一次配种间隔时间越长则分娩指数越小，也就是说1年内生产速度必然减慢。

2、猪场分娩指数

猪场分娩指数是周期分娩指数的平均数。

猪场分娩指数 = 一个时期产仔窝数÷同期母猪平均饲养头数。

例：某猪场年初母猪存栏数为 498 头，年底母猪存栏数为 502 头，全年共分娩 1 120 窝，那么，猪场分娩指数 = 1120÷（1/2 ×498 +1/2× 502）= 2.24。可见，高效率养猪生产必然追求较高的分娩指数。在我国养猪生产中这一指标通常在 2.0 左右，而发达国家此项指标平均达 2. 28 左右。

3、提高猪场分娩指数的有效途径

猪场分娩指数是每头母猪周期分娩指数的平均数，就是说每头母猪一个繁殖周期内所需时间越少，分娩指数越高。最大限度提高母猪分娩指数应该注意下列两点：①缩短断奶空怀间隔。②减少返情率。

第七节 猪的育种

一、育种目标

猪的育种工作是一项庞大而复杂的系统工程，包括现有纯种、纯系的选育提高，新品种、品系的育成以及开展猪的杂种优势利用等内容，其根本目的在于使猪群的重要经济性状得到遗传改良和使生产者获得最佳经济效益。

确定育种目标的第一步，是要了解影响养猪生产力的一些性状，即影响生产成本和产品价值的性状。具有经济重要性的数量性状，其本身往往也是由很多方面组成的，这些方面自身又是单独的选育标准。例如窝产仔数是排卵数量、受胎率及胎儿存活率的综合结果。同样，生长速度（日增重）是胴体（瘦肉、脂肪和骨头）生长和非胴体组织生长的结果。因此，不仅要了解各性状的遗传力，而且对各性状之间的遗传相关、表型相关等也应有深刻的理解。下面是猪的主要数量性状及其测定方法。

1. 育肥性能

（1）生长速度：一般用仔猪断乳至上市期间体重的平均日增重表示：

$$平均日增重 = \frac{结束重-起始重}{育肥天数}$$

也可用体重达到100kg的日龄作为生长速度的指标，或用达到一定日龄时的体重作为指标。通常多用平均日增重以及体重达100kg的日龄为指标。

（2）饲料转化率：也称耗料增重比或增重耗料比，常用性能测定期间每单位增重所需的饲料来表示。

$$饲料转化率 = \frac{育肥期饲料消耗量}{结束重-起始重}$$

（3）日采食量：用平均日采食饲料量表示，可反映猪的食欲好坏。

$$日采食量 = \frac{育肥期饲料消耗量}{育肥天数}$$

（4）超声波测背膘厚（活体膘厚）：采用实时超声波测膘仪（B超）测定体重达100kg时，猪的倒数第三到第四肋骨间距背中线4~6cm的活体背膘厚。

2. 胴体品质

胴体性状：

1）宰前重：被测猪只体重达 100kg 后，停食 24h 的空腹体重为宰前重（停食但不停水）。

2）胴体重：屠宰后去头、蹄、尾及内脏，保留板油和肾脏的躯体重量为胴体重。去头、蹄、尾的方法是：头从耳根后枕寰关节及下颌上的自然皱褶切下，前蹄从腕关节处切下，后蹄从跗关节处切下，尾从紧贴肛门处切下。

3）屠宰率：指胴体重占屠宰前体重的百分率。公式为屠宰率（%）＝（胴体重÷宰前重）×100%

4）胴体长：在胴体倒挂时从耻骨联合前缘至第一肋骨与胸骨联合点前缘间的长度，称为胴体长或胴体斜长。

5）背膘厚：宰后胴体背中线肩部最厚处、胸腰椎结合处和腰荐椎结合处三点膘厚的平均值为平均背膘厚。国外采用胴体探测仪测定离背中线 6 ~ 8cm 处倒数第三到第四肋间的背膘厚称为边膘厚。

6）眼肌面积：胴体胸腰椎结合处背最长肌横截面的面积。可用求积仪计算面积，如无求积仪可用下式计算：

眼肌面积（cm^2）＝眼肌宽度（cm）×眼肌厚度（cm）×0.7，可在采用胴体探测仪测定边膘厚的同时测定眼肌厚度，以估测胴体瘦肉率。

7）腿臀比例：沿腰椎与荐椎结合处的垂直线切下的腿臀重占胴体重的比例。

计算公式为：腿臀比例＝（腿臀重÷胴体重）×100%

8）胴体瘦肉率和脂肪率：将左半胴体进行组织剥离，分为骨骼、皮肤、肌肉和脂肪四种组织。瘦肉量和脂肪量占四种组织总量的百分率即是胴体肉率和脂肪率。

公式如下：胴体瘦肉率（%）＝瘦肉重÷（瘦肉重+脂肪重+皮重+骨重）×100%

胴体脂肪率（%）＝脂肪重÷（瘦肉重+脂肪重+皮重+骨重）×100%

3. 繁殖性能

（1）产仔数：产仔数有两种指标，即总产仔数和产活仔数。总产仔数是包括死胎和木乃伊胎在内的出生时仔猪总头数。产活仔数是指出生时活的仔猪数。产仔数是一个复合性状，主要受排卵数和胎儿存活率以及配种的影响。

（2）初生重和初生窝重：初生重指仔猪出生后 12h 以内称取的重量。初生窝重是指同窝产活仔猪初生重的总和。

（3）断乳窝重：指断乳时全窝仔猪的总重量。目前集约化养猪场多采用 28 日龄断乳。断乳窝重是一个综合性状，它等于断乳仔数与平均断乳重的乘积。产活仔数与断乳仔数的比值为存活率，即

成活率（%）=（断乳仔数÷产活仔数）×100%

（4）初产日龄和产仔间隔：初产日龄即是母猪头胎产仔的日龄。产仔间隔指母猪相邻两胎次间的平均间隔期，即产仔间隔=妊娠期+空怀期。

二、性能测定

为了有目的、有计划、有步骤地开展种猪测定工作，规范整个测定过程，须制定相应的测定技术操作规程，以收到预期的测定效果。种猪测定技术操作规程是规范种猪测定过程中各项技术操作的具体规定，它不仅具有科学的理论依据，还具有很强的可操作性。

制定种猪测定技术操作规程的基本原则是：测定方案的效率性；测定结果的准确性与可靠性；测定方案的可行性。也就是说，拟定种猪技术测定规程，应结合中国种猪生产实际，既要获得准确可靠的测定结果，又要便于操作，可行性强，最终应起到遗传改良效果。

以下为种猪测定的技术操作规程：

1. 送测条件与要求

送测品种要求为国家级、省级或其他重点种猪场饲养的引进品种、培育品种（或品系），每个品种（品系）应有 5 个以上公

猪血统和 80～100 头以上的本品种基础母猪群。

（1）送测个体要求：

1）送测猪应品种特征明显，来源清楚。有个体识别标记，并附有系谱档案记录（须有 2 代以上系谱可查）。有出生日期、初生重、断奶日龄和断奶重等数据资料。

2）送测猪应发育正常。体重 20kg（为 8～9 周龄），同窝无任何遗传缺陷，肢蹄结实，每侧有效奶头不得少于 6 个。窝产仔数达到该品种标准规定的合格以上要求。

3）同一批送测猪出生日期应尽量接近，先后不超过 21 天。

4）送测猪经当地技术人员和中心测定站派出的技术人员核实签字后，方能发往中心测定站。

（2）测定组与头数要求：

1）采用公猪性能测定方案，送测猪要求来源于 5 个以上公猪血统的后代，从每头公猪与配的母猪中随机抽取 3 窝，每窝选 1 头公猪，共 15 头，即每个场每批送测 15 头公猪。

2）采用公猪性能与同胞性能相结合的测定方案，则在 1）的基础上，每窝增选 1 头去势公猪和 1 头小母猪，即每个测定组 3 头，15 个测定组共 45 头。

（3）送测猪健康要求：

1）提供测定猪的养猪场，必须在近两年内没有发生过重大传染性疾病。

2）送测个体运送测定站之前必须进行常规免疫注射。运输车辆必须洗净、彻底消毒，沿途不得在猪场和市场附近停靠。

3）送测猪须在送测前 1 周完成驱虫和公猪去势。

4）送测猪必须持有所在场主管兽医签发的健康证书，到测定站隔离观察后经测定站兽医检验确认是否合格。

2. 测定前的隔离观察与预试

被测定猪送到中心测定站后，不能直接进入测定舍测定，应隔离观察与预试 10 ~14 天。在此期间，饲喂测定前期料，以适应饲养与环境条件。同时观察被测猪的健康状况，若有发病应立即治疗，经多次治疗无效，应予以淘汰。若发生烈性传染病，应全群捕杀，损失由送测单位负责。

3. 测定方法

（1）经隔离观察与预试以后，体重达到 25kg 或 30kg 时转入测定舍进入正式测定，当体重达到 90kg（约 165 日龄）或 100kg（约 180 日龄）时结束测定。入试体重和结束体重均应连续 2 天早晨空腹称重，取其平均值。同胞测定猪结束育肥测定后，应继续饲喂 2~3 天（以保证宰前活重达 88kg 以上），空腹 24h 后进行屠宰测定。

（2）测定性状：

1）生长育肥性状：25kg 或 30~90kg 或 100kg 体重阶段平均日增重；达 90kg 或 100kg 体重的日龄。

2）饲料利用率：25kg 或 30~90kg 或 100kg 体重阶段每增重 1kg 消耗的饲料量。

3）活体背膘厚度：90kg 或 100kg 体重活体最后肋骨（胸腰结合处）离背中线 4~6cm 处超声波背膘厚。

以上为采用公猪性能测定方案时应测定的性状。若采用公猪性能与同胞性能相结合的测定方案，除测定以上性状外，须进行同胞屠宰测定，测定胴体性状和肉质性状。胴体性状主要包括宰前活重、胴体重、屠宰率、胴体长、平均背膘厚、眼肌面积、腿臀比例、瘦肉量和瘦肉率等。肉质性状主要包括肌肉颜色、系水力、pH、肌肉水分、大理石纹、肌内脂肪含量等。

4. 测定猪的饲养管理

测定猪栏舍条件应尽量一致，根据不同品种、不同生长阶段的营养需要，确定相应的营养水平和相应的饲料配方。

性能测定公猪单栏喂养，2 头全同胞或 6 头半同胞一栏，均采用自由采食，自由饮水。或采用 ACEMA 电子识别自动记录测试系统，一般 12~15 头为一个单元群养。

5. 测定成绩评定

种猪测定结束后，根据测定结果，参照各品种标准进行评定分级，按估计育种值或综合选择指数进行性能评定。

6. 测定成绩的公布及合格种猪的利用

测定结束后，由中心测定站填写测定成绩报告书，报国家有关主管部门，在全国范围内公布。场内测定成绩由各育种场填写报中心测定站审查后，由中心测定站统一申报，并予以公布，式样如图 6.4 所示。同时，由中心测定站填写测定成绩证

图 6.4 种猪性能测定证明书

明书送各测定单位。经测定判定不合格的种猪，应予以淘汰，不能留作种用；经测定合格的种猪，除进行良种登记外，可进行现场拍卖。对优良种猪应送人工授精站，以充分发挥优良种猪的作用。

第八节 种猪的基本知识

一、种猪的选育条件

猪的产肉性能与繁殖性能在遗传上存在一定的负相关，我们不能期待在同一头猪身上使这两种性能都达到最优，所以在育种实践中，需要培育出产肉性能最优的专门化父系品种和繁殖力最强的母系品种，然后通过杂交组合，使其具有最佳的生产性能。

父系猪的选育 主要是提高生长育肥性能及胴体性能，培育

出理想体形外貌的种猪。要求后躯丰满，背宽，腹线平直，收腹，头型适中，腮小。选育性状为日增重、饲料报酬、背膘，同时考虑体形外貌，四肢结实度，配种能力。

母系种猪的选育　主要是提高繁殖性能。选育性状为窝产健仔数，21 日龄窝重，同时考虑体形外貌、四肢及生长速度等。

二、种猪的选留条件

（1）公猪的产肉性能和母猪的繁殖性能。

（2）疾病及四肢状况。

（3）体形外貌是否符合品种特征。

（4）性别特征，睾丸、包皮、阴户、乳房等。

（5）个体生长发育状况。

（6）遗传缺陷及应激基因。

◆ 知识链接

挑选种公猪四字歌

外形粗壮，反应灵敏。前胸发达，后臀结实。

四肢粗壮，蹬腿有力。尾根要粗，尾尖要曲。

背部平直，稍弓亦宜。腹线稍直，大肚不宜。

睾丸良好，十分突出，左右对称，上下照齐。

包皮不长，不能积液。

挑选种母猪四字歌

外观俊秀，眼大有神。皮亮毛疏，肥瘦适度。

胸部宽深，身腰要长。臀部丰满，盆髋要大。

腹线平直，稍垂亦宜。耳薄根硬，嘴筒短齐。

四肢健壮，没有卧系。尾根要高，远距肛门。

奶头七对，排列疏稀。阴户裂大，阴蒂不翘。

三、猪胚胎发育规律

1. 胚胎的生长发育规律

胚胎的生长发育规律见表 6.5。

表 6.5　胚胎的生长发育规律

项目　　妊娠时间	生长情况			发育情况
	胚胎重量/g	胚胎生长长度/cm	占初生重比例	
30 天	2	1.5	0.15	初具猪形，能区分性别
60 天	110	8.0	8	长骨开始成骨
90 天	550	15.0	39	唇、耳部及尾部出现软毛
115 天	1 200~1 500	25.0	100	周身长满密毛、出现门齿，犬齿发育良好

2. 胚胎的死亡规律

第一高峰：即合子在第 9~13 天内的附置初期，易受各种因素的影响而死亡。

第二高峰：在第 18~23 天，胚胎器官形成时期。

第三高峰：在第 60~70 天，胎盘停止生长，而胎儿迅速生长，可能由于胎盘功能不健全，胎盘循环失常，影响营养输送，不足以支持胎儿生长发育，致使其死亡。

由于这些损失，一般母猪所排出的卵子，大约只有一半能在分娩时成为健仔猪。

四、种母猪的繁殖

（1）猪是多胎动物，常年发情，繁殖不受季节限制。在母猪卵巢中约有原始卵子 11.1 万个，每次发情能排出十几到几十个成熟的卵子，这是母猪多胎高产的基础。母猪的子宫角将近有 1.5m 长，也为多胚胎发育提供足够的场所。

（2）母猪的繁殖周期为：

发情周期：18~23 天，平均 21 天；发情持续期：3~5 天；妊娠期：114 天。

（3）性成熟与体成熟：瘦肉型种猪要求公猪在 8 月龄、体重达到 120~130kg 时初配为好；母猪在 7.5~8 月龄、体重达到 110~120kg，出现第三次发情时初配。初配时膘厚不低于 18mm，这样有利于提高产仔数。

◆知识链接

鉴别母猪泌乳力高低

（1）一般肩背宽厚的母猪，泌乳量少，单脊背的母猪泌乳量多。

（2）在哺乳期间，母猪食欲旺盛，但出现"母瘦仔壮"，这样的母猪泌乳力好。

（3）泌乳的次数和放奶时间：泌乳力高的母猪，每昼夜的授乳次数为 28~31 次，每次放奶时间为 20s 以上；泌乳力差的母猪，则授乳次数少，每次放奶时间也短。

（4）看乳头：母猪乳房丰满且间隔明显，乳腺上血管明显，是泌乳力好的母猪。

若母猪奶头上常沾有草屑，这叫作"叮奶头"，说明泌乳力在下降。

五、母猪泌乳规律

（1）母猪乳房结构的特点是没有乳池，不能贮存乳汁，亦不能随时排乳，每个乳房有 2~3 个乳腺管，各乳头之间相互没有联系，哺乳时靠仔猪吮吸刺激才能放乳，并且每次放乳时间很短。因此，一昼夜哺乳次数较多，平均 22 次，两次哺乳间隔时间仅 6~7min。

（2）母猪产后头 3 天乳为初乳，3 天后为常乳。初乳中干物质和蛋白质含量高，并且含有免疫球蛋白，是仔猪不可缺少的免疫抗体，不喂初乳的仔猪很难成活。母猪产后日泌乳量逐渐增加，产后 3 周达到最高峰，维持到第四周泌乳量逐渐下降。

（3）母猪乳头位置不同，产乳量不一样，一般前胸部乳头比后腹部乳头产乳量高。母猪头胎产乳量较低，以 3~5 胎时的产乳量最高，7~8 胎以后下降。

六、无乳及促乳措施

1. 无乳的表现

（1）乳房萎缩，膨胀不全。

（2）哺乳到放奶时间很长。

（3）争食现象严重。

（4）吸乳后乳猪久久不离去。

（5）有时母猪拒绝哺乳。

2. 防治措施

（1）20~80 单位催产素注射，每日 3~4 次，连用 2 天。

（2）皮下注射 5mL 初乳。

（3）分娩后 48h 内肌内注射氯前列烯醇 2mL，能有效促进泌乳。

（4）将煮熟的胎衣饲喂母猪。

（5）饲喂催奶的中草药。

（6）治疗母猪疾患，增加母猪喂食量。

（7）活泥鳅或鲫鱼各 1 500g，加生姜、大蒜适量，通草 5g 煎水拌料连喂 3~5 天，催乳效果很好。

第九节 母猪的配种

一、发情表现

1. 母猪发情的表现

减食、外阴红肿，流出黏液，气味、颜色不正常；躁动不安、鸣叫、频频起立，来回走动，排粪排尿，追逐爬跨其他猪只，压背呆立不动，触摸臀部尾渐上举；有公猪接近时，非常敏感，眼神发亮，双耳竖立（图6.5）。

2. 异常发情的情况

（1）安静发情：无任何发情症状，当试情时，接受爬跨，如配种及时也能受胎。

（2）短促发情：发情症状不明显，发情期短，受配期短，容易漏配和迟配，如能适时配种，产仔数也不少。

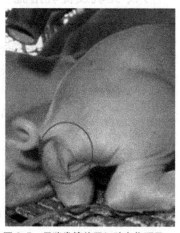

图6.5 母猪发情外阴红肿变化明显

（3）不接受爬跨：多为后备母猪，这种情况要及时更换公猪，因为后备母猪对公猪选择性强，那些体质健壮、性欲旺盛的公猪更受母猪青睐。

（4）断续发情：发情开始后 1~2 天症状消失，隔 2~3 天又转入正常发情，配种、受孕与其他猪无异，这类现象极少发生。

（5）长发情：发情期特别长，受配期达 5~6 天，很难受胎，需用黄体酮治疗。

（6）配种时出血：少量出血对受胎无影响，应检查是不是公猪阴茎或输精管对阴道造成损伤。

二、发情诊断

（1）坚持一天两次发情检查，上午的检查要尽量提早，下午的检查要尽量接近下班时间。

（2）养成利用公猪进行发情检查的习惯。调教一头成年的、具有较浓气味、健康的、有较多唾液的公猪，检查时让其与母猪进行交流。

（3）以是否出现呆立反射为主，确定母猪是否处于稳定的发情中（适配）；结合其他如阴户变化、黏液变化以及竖耳、翘尾等变化来进行发情诊断。

（4）进行压背试验时，对那些敏感的母猪，特别是初配母猪，动作要轻柔，要对肋部、臀部、背部进行耐心抚摸，尽量模仿自然交配前公猪对母猪的爱抚。

（5）压背试验时，动作应由轻到重，待母猪稳定后，可以跨坐在猪背上（图6.6）。

（6）明确记住断奶的时间，对于确定

图6.6 母猪发情时人骑背上也不动是最佳适配时间

适时输精有重要意义。

（7）必要时用公猪试情。

母猪发情配种歌

食欲减少剩饲料，阴户红肿常拉尿。

压背不动紧张样，阴蒂紫红配时到。

三、稳定发情及其意义

1. 稳定的发情

是指压背试验时母猪出现呆立反射，即母猪接受公猪爬跨和输精的发情状态。一般出现发情症状早的母猪和较肥的母猪，稳定发情持续时间较长，排卵的时间在稳定发情期的较后时段，输精时间应相应推迟。而发情症状出现晚的母猪和后备母猪、复发情母猪、较瘦的母猪稳定发情持续期较短，往往是刚出现稳定发情不久即开始排卵，输精的时间要相应早些。

2. 意义

所谓老配早，少配晚，不老不少配中间的说法，是相对于整个发情持续期而言的，特别是后备母猪，尽管发情的持续期很长，但稳定发情的时间却很短，错过了适时配种时间就会不接受公猪的爬跨。

3. 配种

见本书第五章第十六节"人工授精操作"部分。

四、训练公猪爬跨假台猪

（1）采精房要安静，没有杂物，使公猪的注意力集中于假台猪。

（2）公猪的尿液、精液比母猪尿液更能刺激母猪的发情。

（3）一次训练的时间不要太长，不超过20min。当采精员或母猪感到厌烦时，要及时停止训练。

（4）训练和采精的过程中要给公猪留下愉快的感受，糟糕的体验将使训练难以维持下去。

（5）公猪爬跨假台猪后，按摩公猪肛门、睾丸和包皮，尽量让公猪射精，并在接下来的几天内进行强化训练。

（6）对一头公猪采精时，可以让那些性欲不强的公猪在旁边的栏圈内观摩热身，并随后训练这些公猪爬跨留有前面公猪气味和精液的假台猪。

（7）6月龄开始训练。

（8）优先训练性欲强，具有攻击性的公猪。

五、规则和不规则复发情的区别

1. 规则复发情

规则的复发情为配种后18~25天的发情，引起复发情的原因是：

（1）母猪没有受孕。

（2）4天内胚胎全部死亡。

2. 不规则发情

不规则的发情为配种后25天后的发情，引起复发情的原因是：

（1）疾病引起早期的隐性流产。

（2）4天内胚胎存活不到4个。

（3）着床困难，有炎症。

如果一段时间内不规则的复发情较多，则需要进行某些疾病的诊断。

六、乏情母猪的处理

（1）增减饲料喂量。

（2）重新编群，让母猪进入一个新的环境。

（3）公猪诱情，或在圈中放入公猪的尿液、精液。

（4）注射 PG600，或在饲料中加催情剂。

七、母猪妊娠检查

（1）母猪配种后，如果过了一个发情周期后没有出现复发情可判定为妊娠。其外部表现为贪睡、不想动、举止安静、行动稳重、采食增加、体重增加、腹围增大、毛皮光亮、阴户缩成一条线。

（2）一般采用超声波测定仪来检测母猪是否妊娠。测定时间在母猪配种后 30~80 天，测定部位为母猪下腹部倒数 1~2 个乳头向上方 5cm，探头指向对侧最后肋骨，与水平线成 45°角，如膀胱充盈，子宫积液，发情或流产后易造成误诊。使用超声波测定仪准确率很高，重复测两次，准确率几乎 100%（图 6.7）。

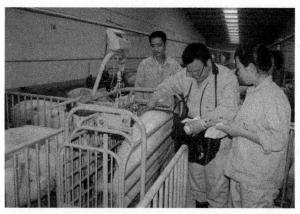

图 6.7　用超声波测定仪（B 超）对母猪孕检

◆知识链接

母猪妊娠歌

好吃贪睡不想动，性情温和动作稳。

食欲增加上膘快，猪毛光亮紧贴身。

阴户缩成一条线，尾巴下垂要遮阴。

◆知识链接

母猪定位栏饲养利弊分析

母猪定位栏是规模化、集约化养猪的一个产物，经过20多年的使用，利弊日益明显，问题突出。

1. 利

（1）节约占地，增加单位饲养头数，适合集约化养殖。

（2）便于饲养管理，便于饲喂及粪便的清理，降低了工人的劳动强度。

（3）便于统计。母猪生活在定位栏里一目了然，统计挂牌，不容易出错。

（4）避免母猪的争斗，减少流产率。

2. 弊

（1）缺乏运动，肢蹄病增多。母猪定位栏一般宽60～65cm，长1.9～2.0m，母猪生活在这个狭窄的空间里，吃喝拉撒，根本没有运动量，除了吃食、喝水、站立，一般都卧着，长时间下来，运动功能下降。加之母猪在定位栏的起卧姿势与大圈的起卧姿势不一样，造成肢蹄病高发，淘汰率高。

（2）生理功能下降。母猪长期生活在定位栏里，身体受限，不能自由活动，内脏器官的生理活动也随之受到压抑，生理水平、体内的各种激素分泌都下降。肝脏、脾脏、淋巴等

◆知识链接

器官功能发挥不到正常生理水平，造成免疫力下降，使机体一直处于亚健康状态，原发病增多，淘汰率增高。

（3）生殖功能下降，乏情、一过性发情、不孕、空怀率升高。由于生理活动下降，定位栏养的母猪卵巢功能紊乱，使之出现卵巢静止，若卵巢功能长久衰退则引起卵巢组织萎缩和硬化，使母猪淘汰率增高。

（4）精神长期受到压抑。母猪也有一定的情感和思维活动，定位栏如同牢房，母猪长期在里面生活，使之脾气发生改变，如脾气暴躁撞栏、啃咬水嘴食槽、隔着栏杆相互攻击；也有的母猪出现情感淡漠，对任何事和刺激都漠视。这些现象直接降低体内器官正常的生理活动，使之淘汰率升高，在欧洲一些国家，动物保护组织已经申请废止定位栏养猪。

综上所述，定位栏养猪虽然给我们带来了短时的经济效益，但弊大于利，应减少应用。

第十节　公猪的饲养

一、喂全价日粮

营养是保证公猪产生优质精液的物质基础，因此，必须喂给营养价值完全的日粮。

二、粗纤维不可多

为了满足公猪能量的需要而又不致使其腹大下垂，日粮应以精料为主，粗纤维含量不宜过多，每千克日粮消化能一般不能低于 13.5MJ。

三、丰富的蛋白质

日粮中蛋白质的数量与质量对精液的数量与质量以及精子的存活时间有很大的影响，一般蛋白质含量应在 13%~16%；在配种期可适当增加动物蛋白饲料，并保证钙、磷以及微量元素与多种维生素的需要。

四、饲喂量掌握好

公猪以喂湿拌料（料∶水 = 1∶1.2）或干粉料为好，并定时定量。一般喂量为每天 2.5~3kg，自由饮水。饲喂量应根据公猪的体重和利用强度灵活掌握，使公猪始终保持其种用体况。

五、补充青饲料

如能每日喂给公猪 2kg 左右优质青绿饲料，对提高公猪的睾丸发育和繁殖功能将会非常有利（图 6.8）。

图 6.8 良好的种公猪睾丸外观

第十一节　母猪的饲养

一、后备母猪的饲养

不同类型猪各段日投料量不同，这里强调的是一些基本原则：

（1）母猪配种前 7~14 天短期优饲。

（2）母猪 7.5~8 月龄参加配种时，体重达到 110~120kg，并且背膘不小于 18mm。背膘厚与产仔数呈正比，配种时背膘厚小于 18mm 会影响日后的产仔数（图 6.9、图 6.10）。

（3）对母猪短期优饲存在不同的观点。有试验结果表明：短期优食多得到的排卵数、授精卵数，会被胚胎的更多死亡所抵消，得到的产仔数相差不大；但一般认为短期优饲对提高产仔数是有益的，特别是对于营养水平较差的母猪影响更明显。

（4）怀孕后，后备母猪除满足胎儿的营养需要外，还要满足自身生长发育的需要，所以喂料量应比经产母猪高出 10%~15%。

图 6.9　良好种母猪阴户外观

图6.10　种母猪小圈饲养

二、妊娠母猪的饲养

（1）配种至30天：不能多喂，因为这一阶段是胚胎损失最多的阶段。试验表明，高水平的饲养，会使胚胎的死亡增加，即所谓的"化胎现象"。所以除非是特别瘦弱的母猪，喂料宁少勿多。这一阶段还要特别注意的是饲料的质量，发霉、变质、酸败、有毒的饲料对胚胎有非常不利的影响。

（2）30~84天：这一时期，必须对体况偏肥或偏瘦的猪进行纠正。到了后期（84天以后）纠正体况是一件很困难的事情，较好的做法是对那些偏肥或偏瘦的猪挂上不同颜色的警示牌，这样喂料时可以得到提醒，从而及时地视情况增减饲料。

（3）84~115天：该阶段，特别是产前21天，是胎儿发育最快的时期，因而要加大喂料量，增加营养的供给，以保证获得较大的初生重。

（4）妊娠期和哺乳期母猪的采食量成反比关系，妊娠期喂料量过多，体况过肥的母猪产后往往有厌食的现象。一方面，母猪乳汁偏少或过于浓稠，易引起乳猪腹泻；另一方面，那些体况过肥的母猪，产后厌食，更多的动用体脂储备泌乳，这样，饲料、体脂、泌乳比单纯由饲料、泌乳多出一个转化环节，能量的每一次转换都存在一定的损失，因而妊娠母猪喂得过多过肥，是一种很不经济的做法。

（5）妊娠母猪料过于精细，母猪易患胃溃疡和便秘。加大粗纤维的含量，可以减少母猪胃溃疡和便秘的发生，可以扩大胃的容积，提高母猪产仔后的食欲。

三、哺乳母猪的饲养

（1）哺乳母猪几乎没有过肥的现象，按照饲养标准的要求，总是处于营养不足的状态，即使是自由采食，母猪的采食量也很难超过6kg/天，因此，哺乳期失重是一种普遍存在的现象。

（2）喂湿料、控制温度使这种短期失重在一个许可的范围（不影响下一胎次的繁殖）。必须增加饲喂的次数，提高日粮的营养浓度，增加喂量，使母猪尽可能少地动用储备泌乳，这是一种经济的做法。

（3）在哺乳期的最初阶段（7天），由于乳猪的食量有限，母体的储备充足，过多的喂量不仅没有必要，而且可能引起母猪的"食胀"，严重影响母猪日后的采食量。

图6.11　健康母仔哺乳图

（4）产仔的当天，喂量约为 1kg（甚至不喂），以后逐日增加，到第 7 天达到自由采食状态（图6.11）。

四、断奶母猪的饲养

（1）断奶母猪应该加大饲喂量，充分饲养，以促使其尽早发情配种，增加排卵数。因为母猪发情后，采食量会明显下降，所以在断奶的最初几天，要尽可能克服奶胀给母猪造成的不适，增加母猪的采食量。

（2）奶胀给母猪造成的影响有两方面：一方面，利用奶胀调节母猪的内分泌，刺激母猪尽早发情，缩短断奶到配种的间隔；另一方面，在大肠杆菌危害严重时，会引发母猪乳房炎，可以在这一阶段的饲料中加入药物进行预防，还应尽力改善栏舍的卫生状况，特别是高温的时候，要特别注意（图6.12）。

图6.12 断奶种猪舍（小圈饲养好）

五、空怀母猪的饲养

（1）空怀母猪要经常变动栏舍，每天让公猪从母猪前面走过。注意检查并记录母猪阴道的分泌物，发现炎症的要及时处理。

（2）断奶 7 天不发情的母猪集中饲养，不断用公猪刺激，注射 PG600。

（3）早产、流产母猪，用抗生素预防感染，推后一个发情期配种（30 天）。这类猪第一次发情在早产后的 6~7 天，此时配种受孕率很低。

（4）25~35 天复发情母猪，往往是早期隐性流产、胚胎死亡造成的不规则复发情，推迟一个发情期配种。

（5）断奶 63 天不发情母猪淘汰。

（6）三次复发情的母猪淘汰。

1）妊娠检查结果为阴性的母猪，集中饲养，等待发情；或按（5）处理。

2）早断奶母猪、产后 1 周断奶母猪，推迟一个发情期配种，这类母猪如有能力要尽量安排其哺乳。

3）过瘦、过肥母猪，只要发情就可配种。

第十二节　仔猪的饲养

一、哺乳仔猪的生理特点

（1）生长发育快和生理上的不成熟，造成仔猪饲养难度大，成活率低。

（2）生长发育快，功能代谢旺盛，利用养分能力强。

（3）消化器官不发达，消化腺功能不完善。

（4）缺乏先天免疫力，容易得病。

（5）调节体温能力差，怕冷。

二、哺乳仔猪补料应注意的问题

28 天断奶的仔猪，采食量达到 400g 是一个很重要的指标。

为锻炼乳猪的胃肠，使其顺利过渡到完全依靠饲料获取营养，必须注意以下几点：

1. 提早补料

应从仔猪出生 7 天开始进行补料。

2. 少喂勤添

乳猪最初接近饲料，并不是因为饥饿，而是对饲料好奇，采食量很少，一次喂料过多，会降低乳猪对饲料的新鲜感和兴趣，也会造成浪费。

3. 饲料要新鲜

新鲜的饲料比添加香味精、甜味精对乳猪具有更大的吸引力。

4. 保证补料槽的清洁

要及时清洗补料槽中的污物和粪尿。

三、哺乳仔猪饲养要点

1. 固定乳头，使仔猪尽快吃足初乳

初乳含有丰富的营养物质和免疫抗体，对初生仔猪较常乳有特殊的生理作用，可增强体质和抗病能力，提高对环境的适应能力；初乳中含有较多的镁盐，具有轻泻性，可促进胎便的排出；初乳酸度较高，可促进消化道的活动。仔猪有固定乳头吸乳的特性，一经认定至断乳不变。

2. 加强保温，防冻防压

寒冷季节产仔造成仔猪死亡的主要原因，是被母猪压死或冻死，尤其在出生后头 3 天内。在寒冷环境中仔猪行动不灵敏，钻草堆或卧在母猪腋下，易被母猪压死。寒冷也易使仔猪发生口僵，不会吸乳，导致冻饿而死。仔猪的适应温度：1~3 日龄，30~32℃；4~7 日龄，28~30℃；15~30 日龄，22~25℃；2~3 月龄为 22℃。

3. 早期补料

初生仔猪完全依靠吃母乳生活。随着仔猪日龄的增加，其体重和所需要的营养物质与日俱增，而母猪的泌乳量在分娩后先是逐日增加，到产后 3 周龄达到泌乳高峰，以后逐渐下降。从产后 3 周龄开始，母乳便不能满足仔猪正常生长发育的需要。补充营养的唯一办法就是给仔猪补充优质饲料。补料时间应在产后 7 日龄开始。

（1）哺乳仔猪提前认料，可促进消化器官的发育和消化功能的完善，为断乳后的饲养打下良好的基础。补料的目的在于训练仔猪认料，锻炼仔猪咀嚼和消化能力，避免仔猪啃食异物，防止下痢。

（2）断乳前仔猪的补料量可影响仔猪断乳后对饲料蛋白的过敏反应。断乳前若能采食大量补料，使免疫系统产生免疫耐受力，则断乳后就不至于发生对日粮蛋白的过敏反应。若断乳前只饲喂少量日粮蛋白，免疫系统处于应答状态，断乳后再次接触这种日粮抗原时会立即产生严重腹泻。

4. 供给清洁饮水

由于仔猪生长迅速，代谢旺盛，母乳较浓（含脂肪 7%～11%），故需要饮水量较多。如不及时给仔猪补水，会因喝污水或尿液而产生下痢。

5. 仔猪寄养

仔猪寄养需要注意以下问题：

（1）母猪产期接近。实行寄养时，母猪产期应尽量接近，主要考虑初乳的特殊作用，最好不超过 3 天。

（2）被寄养的仔猪要尽量吃到初乳，以提高成活率。

（3）寄养母猪必须是泌乳量多、性情温顺、哺乳性能好的母猪，只有这样的母猪才能哺乳更多头仔猪。

（4）注意寄养乳猪的气味。

6. 防病

哺乳仔猪抗病能力差，消化功能不完善，容易患病死亡。对仔猪危害最大的疾病是腹泻病。预防措施如下：

（1）养好母猪：加强妊娠母猪和哺乳母猪的饲养管理，保证胎儿的正常生长发育，产出体重大、健壮的仔猪，母猪产后有良好的泌乳性能。

（2）保持猪舍清洁卫生：产房采取全进全出，转猪后要彻底清洗和消毒。妊娠母猪进产房前要对体表进行淋浴、消毒。临产前用 0.1% 的高锰酸钾溶液擦洗乳房和外阴部，以减少母猪对仔猪的污染。

（3）保持良好的环境：产房应保持适宜的温度、湿度，控制有害气体的含量，使仔猪生活舒适，体质健康，有较强的抗病能力。防止或减少仔猪腹泻等疾病的发生。

（4）采用药物预防和治疗。

四、哺乳仔猪如何过好三关

1. 把好初生关

仔猪初生后，擦干身上的胎水。寒冷季节，注意做好保温工作。尽可能早地让乳猪吃上初乳，固定奶头，并提供必要的帮助。乳前注射或喂服长效土霉素，补充铁剂大于 200mg、亚硒酸钠 1mg。一周内完成去势术和疝复位术。按重量、数量均衡的原则，重新编排 24h 内出生的仔猪，对那些弱小的猪只给予更多的照顾（让那些母性好的母猪哺养，数量不能太多，以 8 头为宜）。

2. 做好补料关

及早教槽，保证断奶前 7 天采食量达到 400g 饲料。少喂勤添，24h 喂料次数不少于 6 次，及时清除料盘中的粪尿。

3. 做好断奶关

断奶前 4 天做免疫注射，体重不足 5kg 的仔猪继续哺乳一周。抓猪动作要轻柔，一间保育栏中的仔猪来源不超过三窝。大小分群并对弱小仔猪特别护理。

4. 做好防压

刚生下的猪只不灵活，易被母猪压死。

5. 做好补水及其他相关工作

3~5 日龄补水，检查饮水器出水是否清洁，饮水器垫硬物，使水缓慢滴下。断脐、断尾仔猪注意消毒。

第十三节　保育仔猪的饲养

一、避免仔猪的腹泻

断奶对仔猪来说是一个很大的应激，采食量会下降，当仔猪对新的环境适应后，会补偿性地加大采食量。由于仔猪胃肠功能还不完善，易引起腹泻，因而断奶时尽量减少应激，提高第一周的采食量是预防仔猪腹泻的关键。

二、断奶后一周的增重

这一阶段的增重对其一生的生长发育有着很重要的影响。断奶后一周内增重快可大大缩短上市时间，断奶后一周内能增重1kg 的仔猪比不增重的仔猪可提早上市 15 天。

三、饲料转换要逐渐过渡

保育期仔猪生长强度大，胃肠功能还不完善，剧烈的饲料变化会引起仔猪的不良反应，腹泻、采食量下降，影响仔猪的生长。

四、环境过渡

断奶仔猪转群时一般采取原窝培育，即将原窝仔猪，剔除个别发育不良的个体, 转入仔猪保育舍同一栏内饲养。

五、控制环境条件

1. 温度

保育仔猪适宜的环境温度是 21～22℃。为了保持上述温度, 冬季注意保暖, 夏季注意防暑降温。

2. 湿度

保育舍适宜的相对湿度以 65%～75% 为宜。湿度过大, 可增强寒冷或炎热对猪的不利影响 (图 6.13)。

图 6.13 保育猪舍

3. 卫生

猪舍内应经常打扫、消毒。舍内定期通风换气, 保证舍内空气新鲜 (图 6.14)。

图 6.14　保育猪网上饲养

六、调教

猪有定点采食、排粪尿、睡觉的习惯，但刚断奶转群的仔猪需要引导、调教，这样既可保持栏内卫生，又便于清扫。

第十四节　生长猪、育肥猪的饲养

一、注意饲料质量

日粮的质量是影响生长育肥猪生长性能的最重要的因素之一。使用高质量的饲料混合的、能满足猪营养需要的日粮，是保证养猪生产性能最佳所必需的。饲喂复合成分的平衡日粮，包括能量、蛋白质、维生素和矿物质添加剂，可以获得最好的效果。

二、防应激

为了防止生产中的应激反应，给生长猪饲喂的日粮中要含有16%的蛋白质和0.8%的赖氨酸。给育肥猪饲喂的日粮中要含有14%的蛋白质和0.65%的赖氨酸。

三、优良环境

生长育肥猪的饲喂环境，必须有利于猪吃到足够的饲料，应能尽可能地减少同别的个体竞争饲料和饮水，还要保证猪只在圈内能自由走动（图6.15）。

四、干湿喂均可

饲料可以干喂或湿喂，干物质兑水的比例通常为1∶3左右，湿喂是将干饲料拌入一定的水。湿喂有两大优点：第一可以大大减少舍饲条件下舍内空气中的粉尘量，从而有利于猪的健康；第二是饲料利用率略有改善；第三是可以减少饲料的浪费。

图6.15　生长育肥舍

◆ 知识链接

养好猪必读八句话

品种为基础，营养为关键，温度定成败，供水定输赢，环境定效果，健康是保证，以人为根本，管理出效益。

第十五节　饲料的合理应用

在养猪场成本中，饲料占到80%左右，所以，饲料的合理应用，是十分值得规模化养猪场重视的。

一、猪的营养需要

猪的营养标准、日粮中粗纤维含量、维生素及矿物质添加量以及对水的需要量如表6.6～表6.10。

表6.6　猪的最低营养标准

营养成分	单位	乳猪	仔猪	育成猪	育肥猪	哺乳母猪	妊娠母猪
消化能	Kcal/kg	3 400	3 350	3 300	3 200	3 350	3 100
粗蛋白	%	21	19	16	14	16	14
赖氨酸	%	1.25	1.25	0.8	0.65	0.8	0.6
可消化赖氨酸	%	1.0	0.8	0.65	0.5	0.65	——
蛋氨酸+胱氨酸	%	0.75	0.6	0.48	0.4	——	——
苏氨酸	%	0.85	0.68	0.55	0.44	——	——
钙	%	0.90	0.80	0.80	0.80	0.90	0.90
磷	%	0.70	0.65	0.65	0.70	0.70	0.70
盐	%	0.40	0.40	0.40	0.40	0.40	0.40

续表

营养成分	单位	乳猪	仔猪	育成猪	育肥猪	哺乳母猪	妊娠母猪
维生素 A	I.U	7 500	7 500	5 000	5 000	5 000	7 500
维生素 D	I.U	750	750	500	500	750	750
维生素 E	I.U	35	35	30	30	35	35
胆碱	mg	600	600	300	300	600	600

表6.7 猪日粮中粗纤维的最高含量

日粮	百分比	日粮	百分比
幼猪日粮	3.5~4.0	哺乳猪日粮	6.0~8.0
生长猪日粮	1.0~5.0	妊娠猪日粮	25.0
育肥猪日粮	5.0~7.0		

表6.8 猪日粮中维生素的建议添加量

维生素/单位	哺乳及断奶仔猪	生长及育肥猪	母猪及公猪
	（每千克日粮需要量）		
维生素 A（IU）	7 500	5 000	7 500
维生素 D（IU）	500	500	1 000
维生素 E（IU）	40	40	60
维生素 K（mg）	2	2	2
维生素 B_{12}（μg）	30	25	25
核黄素（mg）	12	12	12
烟酸（mg）	40	30	30
泛酸（mg）	25	20	20
胆碱（mg）	600	300	600
生物素（mg）	250	0	250
叶酸（mg）	1.6	0	4.5

表 6.9　猪日粮中矿物质的建议添加量

矿物质单位	哺乳仔猪	断奶仔猪	生长猪	育肥猪	哺乳母猪	妊娠母猪
钙（%）	0.95	0.8	0.7	0.6	0.9	0.9
磷（%）	0.75	0.65	0.6	0.5	0.7	0.7
食盐（%）	0.3	0.3	0.3	0.3	0.5	0.5
铁（mg/kg）	150	150	150	150	150	150
镁（mg/kg）	20	20	20	12	12	12
锌（mg/kg）	120	120	120	100	100	120
铜（mg/kg）	125	125	20	20	20	20
碘（mg/kg）	0.2	0.2	0.2	0.2	0.2	0.2
硒（mg/kg）	0.3	0.3	0.3	0.3	0.3	0.3

表 6.10　猪在不同阶段和生理功能情况下对水的需要

猪的不同阶段	日消耗水量/L	饮水器离地高度/cm	安装角度/（°）
哺乳仔猪	适当数量以满足补饲料	12	45
断奶仔猪	1.3~2.5	25	90
生长猪	2.5~3.8	25~35	90
育肥猪	3.8~7.5	55	45
断乳母猪、后备猪及公猪	13~17	80~90	90
哺乳母猪	18~23	80	90

二、饲料使用中的细节

（一）使用饲料中的几个误区

1. 误认为猪食后皮肤发红的即是好饲料

一些饲料厂家为了迎合养殖户的需求，超大剂量地使用有机砷制剂，猪采食后由于毛细血管扩张而表现为皮肤发红。虽然砷制剂有促生长的作用，但也是一种有致癌作用的物质，因此滥用会造成环境污染并给人体的健康带来危害。况且不同品种的猪有其特有的正常肤色，不要片面追求猪的皮毛红亮。

2. 误认为猪食后拉黑色粪的即是好饲料

许多养殖户认为猪只排泄的粪便越黑，消化吸收越好，其实不然。衡量饲料消化的好坏的标志不在于粪便的颜色，而在于饲料饲喂后的转化效率（也就是通常说的料肉比），还有粪便的形状（如果拉稀便，则可判断消化不好，也不排除其他可能的原因）等。粪便颜色与饲料组成有直接关系，饲料中含铜较多的棉籽、菜籽用量大时，粪便颜色也较黑。虽然高铜对小猪有促进生长的作用，但长期大量添加会对水土和环境造成污染，对人体造成慢性中毒。粪便颜色并不代表饲料的质量，只有赖氨酸、维生素和微量元素平衡，粪便干湿成形，单位增重耗料少，才可以肯定饲料的消化吸收性是好的。

3. 误认为猪吃后就睡的即是好饲料

一些养殖户片面地认为吃料后就睡，可以减少猪的活动，减少消耗，促进生长。一些饲料厂家迎合客户心理，在饲料中滥加镇静剂和催眠剂等药品，使猪采食后起到强制催眠的效果，其实这是养猪的误区。如果饲料营养满足不了猪的生长需求，无论饲料有怎样的催眠作用，即使猪的活动量小、消耗能量低也不可能起到促生长的功效，可能还有严重的不良作用。须知适当的运动更有利于猪的消化及生长发育。从肉食品安全卫生的角度考虑，如果人们吃了带有催眠或镇静药物残留的肉食品，会给人的健康带来不良影响。

4. 凭感觉去评价饲料的优劣

我们常常见一些饲料用户，认为饲料有香味和鱼腥味，色泽黄，就是好饲料，而很少考虑饲料的内在质量。个别饲料厂弄虚作假，在产品中加入鱼腥香味剂和增色剂来改变饲料的外观，而在关键性原料上减量或以次充好，降低其内在品质，这样虽然增加了饲料的适口性，但并未增加饲料的营养价值和饲料利用率，结果养殖户花了钱得不到应有的效益。其实，饲料的优劣，饲料营养素的全价性和平衡性，能否全面满足猪的营养需求，并非只能依靠鱼粉。更何况在蛋白质资源紧张，特别是在鱼粉价格昂贵的情况下，商品氨基酸、喷雾干燥血浆蛋白粉、血球蛋白粉、微生物蛋白饲料等都是优良的蛋白源，它们完全可以取代甚至超过鱼粉的作用。除水产类外，还没有试验证明家畜偏嗜鱼腥味，乳猪真正喜欢的是甜奶香味。

5. 饲喂效果不好或发生异常死亡认为是饲料有问题

一些小饲料厂家因为生产设备搅拌不匀，收购原料把关不严，采用劣质原料或超标准使用某些原料，可能会出现饲喂效果不好或发生死亡，而大型饲料厂家的饲料很少发生这种情况。饲喂效果不好或发生死亡往往是因为生猪抗病力降低和管理不善而引起的。养猪的效益＝优良的品种＋质优价廉饲料＋适宜的环境＋卫生防疫＋精心的管理。养殖户应从上述影响效益的诸多方面查找原因。如饲料是否过期、有无霉变、饲料是否适合饲养阶段、喂量是否足够、在贮存过程中是否受农药污染等。排除这些方面的因素后，应从自身管理查找原因，如温度、密度、光照、通风、防疫、疾病、用药等方面。通过与使用同批饲料的其他用户比较，往往能说明问题。

6. 误认为采用低档低价饲料可以降低养猪成本

有相当一部分养殖户在选购饲料时，往往把价格作为首选的标准，认为选择饲料价格越低，养猪成本就越低。事实上，饲料的费用可分为有效费用和无效费用两部分。无效费用（即生产费用和销售流通费用）在同一时期内是基本固定的，不管生产什么饲料都是相同的。据统计，低档饲料中无效费用占17%，中档饲料占19%，高档饲料占21%。低档饲料价格的降低一般通过减少有效费用（即原料费用）来达到，这样低档饲料的无效费用比例就会提高。可见低档低价饲料比高档饲料往往要增加一些无效的开支（如着色剂、香味剂等），同时低档饲料使用营养价值低、品质差的原料较多，降低了饲料利用率和饲喂效果；再者，生猪往往有按饲料能量高低来调节采食量的功能，低档低价饲料的营养价值低，生猪就会增加采食量维持其生理需要和生长需要。相比之下，达到同样的生长体重，用低价低档饲料耗量就会比高档饲料多，从而增加成本。

7. 不按标签标志规范使用配合饲料

有些养殖户认为只要是饲料都是一样的，随意地跨生长阶段使用，尤其是提前使用后期饲料，甚至出现跨种类使用饲料，如猪、鸡、鱼等饲料相互换用；还有在猪饲料使用中将颗粒料加水搅拌成糊状饲喂的传统做法，也有将颗粒作为一种"佐料"，加入自配的粗饲料中混合饲喂，降低了饲料的利用率，影响了疾病预防效果，也降低了养猪的经济效益。

（二）玉米决胜负

玉米是猪饲料用量最大的原料，堪称之为"饲料之王"，在养猪过程中起着举足轻重的作用。在养猪成本中，饲料成本占到80%左右，而饲料中玉米又占到总量的60%左右，总成本的40%左右，是成本占有最多、营养最重要的原料，但也是最容易被人们忽视的原料。

（三）豆粕定成败

蛋白质是构成猪体组织、细胞的基础，也是猪赖以进行正常代谢和生命活动的（各种酶、激素、抗体、核酸、血红蛋白等）基本成分。猪体除水分外，干物质中约有一半以上是蛋白质，可以说蛋白质是猪的重要营养。因而，蛋白质饲料对猪的生长速度及猪肉品质影响甚大。

豆粕是经去皮→压扁→溶剂浸提油脂→烘焙→冷却→粉碎制成的。

具体加工过程是：先将黄豆去皮破粒。在 70～75℃ 下加热 20～30s，用滚筒压薄片，再在萃取机内，一面蒸发溶剂，一面烘焙豆片，温度约 110℃，最后经滚筒干燥机干燥冷却、粉碎即成为豆粕。

由此可见，豆粕的加工工艺比豆饼更复杂也更科学，因而品质更好，饲喂效果也更佳，豆粕分为一级高蛋白豆粕和二级普通豆粕两种。

一级豆粕和二级豆粕相比：粗蛋白、赖氨酸、蛋氨酸营养指标比均提高 1.0 以上；消化能提高 200kcal/kg；粗纤维下降 3.5%；消化率提高 3.5%～4%。

这说明，一级豆粕与二级豆粕相比，不论是营养指标、吸收利用率都有了明显的提高。再者，由于二级豆粕粗纤维含量比一级豆粕高 1 倍，粗纤维不能或很难被猪消化吸收，可视为无效营养物质。因此，二级豆粕较一级豆粕不仅营养价值低且吸收率也低了许多。

三、饲料的浪费不可忽视

1. 饲料配方不随季节变化造成的浪费

一年四季，气温不同，猪对营养的需要也不同，但现在不论饲料厂推荐的配方，还是请专家设计的配方，都不可能在一年四季都适用。冬季用高蛋白配方，会造成蛋白的浪费；夏天用高能配方，会造成能量的浪费。假如我们能适时调整配方，使全群料肉比从 3.5 降到 3.4 的话，对一个万头猪场来说，1 年就可节省饲料 10 000 ×90× 0.1 ＝90 000（kg），折合人民币 12 万元以上。

2. 使用高水分玉米而不改变配方造成的浪费

预混料或浓缩料质量不好，出现猪光吃不长的情况。根据笔者了解，造成猪生长缓慢的原因是当时玉米水分过高。因秋冬季气温偏低，猪对能量的需要量要大于春夏季节，而这时的玉米多是新收获的玉米，水分多在 20% 以上。在秋冬季，常出现按配方比例配合出的饲料存在能量不足现象，如不修改配方，按固定饲喂程序进行的话，必定会影响猪的正常生长。解决这一问题的办法，一是在其他原料不变的情况下，加大玉米比例，同时加大饲喂量；二是在用湿玉米的同时，配合使用高能量饲料（如油脂等），如需要能量浓度大的乳猪料或仔猪料中就一定要添加高能量饲料。

3. 不按配方加工饲料造成的浪费

不按配方加工饲料有几种情况：一是加工饲料时不过秤；二是缺乏一种原料时，随便用其他原料代替；三是原料以次充好，如用湿玉米代替干玉米等。以上三种情况都会破坏饲料配方的合理性，影响饲料利用率。

4. 搅拌不均匀造成的浪费

搅拌不均匀在许多养猪场都出现过，手工拌料自不必说，就是机器拌料也常出现搅拌不均匀的情况。有的是边粉碎边出料，有的是搅拌时间不足。最容易忽视的是在饲料中加入药物或微量添加剂，不通过预混直接倒进搅拌机，在上千千克饲料中加入几十克药品，很难做到搅拌均匀。规模化猪场一定要重视饲料加工质量的管理，通过严格的管理程序和车间负责人的责任心保证饲料合理的粒度和均匀度。否则，轻则降低猪群饲料转化率，重则发生中毒事故。

5. 大猪吃小猪料造成的浪费

经常遇到小猪吃乳猪料，中猪吃小猪料，大猪吃中猪料现象，这些都会造成饲料的浪费。而更严重的是让后备猪吃育肥猪料，大大推迟母猪发情时间，影响正常配种。这些看似不重要，但如果仔细算一笔账，你会大吃一惊的。

6. 饲喂中造成的浪费

每个养猪场内的饲料浪费是不可避免的，主要表现在两个方面：一方面是饲料丢失的浪费。据统计，一般饲料浪费都在3%~20%。高床饲养的猪群，在24h内看到采食槽下方地面的饲料分散平铺一层时，饲料的丢失率为3%。另一方面是饲料营养浪费，由于工人不按规定投放饲料等原因，如用小猪料饲喂中猪，或怀孕母猪投放过多饲料等。以一个万头猪场计算，每减少1%的饲料浪费，相当于多创造7万元以上的经济效益。

7. 人为造成的饲料浪费

人为造成的饲料浪费在养猪场中也是很严重的。一些养猪场管理者不按实际和季节的变化灵活执行饲养管理规章制度，仅凭饲料出库单的数字要求饲养员，否则将予以处罚。一些饲养员为避免受罚而将猪吃不完的料用水冲入下水道，从而人为造成饲料浪费。

◆ **知识链接**

浓缩饲料、预混合饲料切不可直接喂猪。必须严格按照饲料生产厂家推荐的配比，加工后饲喂。

四、防止霉菌毒素污染

1. 霉菌的种类　目前许多猪场由于免疫抑制，引发了混合感染高烧反弹等多种疾病，造成这种情况，霉菌毒素是重要元凶之一。

霉菌毒素是在谷物的生产、饲料制造、储存及在运输过程中，霉菌在上述基质上生长繁殖过程中产生的有毒二次代谢产物（毒素）。猪采食了这类毒素污染饲料，可导致急性或慢性中毒，引起多种疾病和一系列症状。

目前为止，检测到的霉菌已超过350多种，较普通的有黄曲霉毒素、T_2毒素、玉米赤霉烯酮（F—2毒素）、烟曲霉毒素等。我国的检出率更高，全价饲料高达90%含有霉菌毒素。

2. 霉菌毒素的危害

（1）免疫抑制，导致发病率高。

（2）对母猪可引起阴门红肿、假发情（图 6.16），孕母猪流产、死胎、不发情、产后无乳症。

（3）仔猪断奶死亡率高达 20%～30%，断奶体重明显下降，平均减少 0.5～1.0kg。

（4）猪采食量下降，背毛粗糙，贫血，发育不良等。

（5）公猪精液品质差，母猪返情率高。

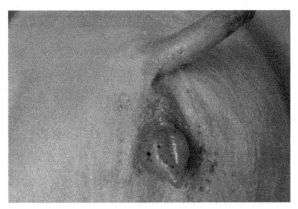

图 6.16　霉玉米毒素中毒引起的小母猪假发情

3. 防霉工作主要措施

（1）加强管理，杜绝导致霉菌污染的各个环节。

（2）饲料原料，特别是玉米要把好防霉关。

（3）使用优质防霉剂、脱霉剂，把好防霉和脱霉两个环节。

（4）有条件的养猪场，可自身采取脱毒除理。脱毒主要有物理和化学两种方法。常用的方法有：酶解法，主要是用酶制剂降解和破坏霉菌毒素。吸附法，是在饲料中添加霉菌毒素吸附剂进行吸毒和脱毒。市场上有许多类似产品，这是目前许多养猪场采取的方法。表 6.11 是玉米酒糟霉菌毒素检测标准，供参考。

表 6.11　玉米酒糟（DDGS）中霉菌毒素检测标准

种类	样品平均值（μg/kg）	样品最大值（μg/kg）
黄曲霉毒素	13	26.3
T2 毒素	69	94.7
玉米赤霉烯酮	744.5	1 423.1
赭曲霉毒素	82.5	162.8
烟曲霉毒素	1 930	7 380
呕吐霉素	3 680	146 750

◆ 知识链接

霉菌毒素是养猪业的大敌

霉菌所产生霉菌毒素，在规模化养猪场中普遍存在，对养殖业危害极其严重，主要表现在：

（1）霉菌毒素损害猪的各个脏器，破坏猪的免疫抗病毒能力，使猪免疫抑制，抵消免疫应答，猪处于亚健康状态，易导致各种疾病的发生。有学者把这种现象称之为"底色病"。

（2）后备母猪甚至经产母猪，出现不发情，阴道炎、子宫内膜炎，可能出现屡配不准胎。

（3）育成的小母猪出现阴门红肿的假发情现象。

（4）生产猪流产率增高，产弱仔、死胎，仔猪八字脚比例上升。

（5）育成猪不明原因生长速度下降、消瘦、采食量下降，甚至呕吐、腹泻。

第七章 规模化养猪场卫生 防疫制度

第一节 总 则

为保障养猪场养猪生产的安全，根据《中华人民共和国动物防疫法》及有关兽医法规的要求制定适合本养猪场的防疫制度。

一、隔离与卫生消毒

（1）养猪场实行封闭式饲养与管理。所有人员、车辆、物品仅能经由场大门、生产区大门出入，不得由其他任何途径出入场区。

（2）场大门设置专职门卫，负责监督人员、车辆、物资的出入及按规定方式实施消毒。

（3）进场人员均应使用消毒药液消毒双手、双足，紫外线照射 15min 或淋浴、换衣后经大门人行入口处进入场区，本场车辆返场时应消毒后经由大门消毒池进入。

（4）休假回场的生产区工作人员，应在生活区隔离净化 3~5 天后，才能进入生产车间工作。

（5）生产人员应在更衣室淋浴后更换专用工作衣、鞋后，经由生产区人行消毒通道进入生产区内。

（6）外来人员、车辆一般不得进入场区内，严禁进入生产区内。因特殊需要须进入时，应由场有关领导批准，按养猪场规定程序消毒、更衣换鞋后，由专人陪同在指定区域内活动。

（7）饲养技术人员应在车间内坚守工作岗位，不得进入其他生产车间。管理人员因工作需要进入生产车间时，应在车间入口消毒池中消毒。

（8）饲养技术人员应每日上、下午各清扫一次猪舍，清洗食槽、水槽，并将收集的粪便、垃圾用专用车辆运送到指定蓄粪池内发酵处理。同时，应定期疏通猪舍排污通道，保证其畅通。

（9）生产区内猪群调动应按生产流程规定有序进行。售出猪只应经由装猪台装车，严禁运猪车进场装卸猪只。凡已出场猪只严禁运返场内。

（10）新购进种猪应按规定在隔离舍进行隔离观察，经检疫确认健康后方可进场混群。

（11）场区内禁止饲养其他动物，严禁将其他动物、动物肉品及其副产品携带入场。本场工作人员不得在家中饲养或经营猪及各种肉类动物。

（12）各栋猪舍间不得共用或相互借用生产工具，更不允许将其外借和携带出场。不得将场外饲养管理用具携入场内使用。

（13）场内各类大、中、小型消毒池由专人管理，责任人应定期进行清扫、更换、添加消毒药液。消毒负责人员每日应按规定对猪群、猪舍、各类道路及相关区域轮替使用规定的各种消毒剂消毒。

（14）各猪舍产前、断奶或空栏以及必要时按照清扫、冲洗、干燥、消毒、熏蒸（消毒）、干燥等次序进行彻底消毒后方可转入猪只。

（15）场内应在每年春秋两季及必要时进行卫生大扫除，割除杂草、灌木，使场区环境常年保持清洁卫生。

二、免疫注射与药物预防

（1）疫苗应由专人使用疫苗冷藏设备运输，疫苗回场后由专人按规定方法贮藏保管，并应登记所购疫苗批号，生产日期、采购日期及失效日期等。

（2）根据当地疫情、供种需要，决定各类猪只使用疫苗种类，依据所使用疫苗的特性制定适合养猪场的免疫程序。

（3）免疫注射前应逐一检查登记须注射疫苗猪只的栋号、栏号、耳号及健康状况，患病猪及重胎猪应暂缓免疫，待其痊愈或产后再行补注。

（4）免疫注射前应检查并登记所用疫苗名称、批号，外观异常或有异物疫苗应予报废，严禁使用。

（5）注射疫苗前、后应对注射器具进行严格消毒，注射中严格做到一猪一针头，并应防止漏注、少注等质量事故，确保注射质量，务必做到头头注射，个个免疫。

（6）注射疫苗后饲养员应仔细观察猪只反应情况，发生严重反应时应及时报告，兽医应立即采取救治措施。

（7）根据本地区疫病流行规律和养猪场猪群保健防病需要，在必要时使用抗生素、化学抗菌药对猪群实施群体药物预防或治疗。

（8）对种猪应按生产周期，定期使用规定药物进行驱虫工作。对仔猪应在 2 月龄、4 月龄及必要时进行巡回诊疗。

三、诊疗及疫病防治

（1）饲养、技术人员应随时观察猪群的健康状况，猪只有异常表现时应及时向主管兽医报告。兽医每日上、下午及必要时对猪群进行巡回诊疗，检查猪群健康状况，治疗各类病猪。

（2）对病猪或死因不明猪只应及时进行会诊和剖检，剖检应在本场剖检室内进行。病死猪应放入尸体坑内或深埋于地下。

（3）怀疑猪只患有烈性传染性疾病时，应立即报告并及时将其转移至隔离猪舍观察。确诊为烈性传染病后，迅速采取隔离、封锁、消毒、紧急预防注射、扑杀或治疗等综合性扑灭措施。

（4）患烈性传染病猪只在死亡、扑杀后，应在严格消毒、严防扩散的前提下进行无害化处理。烈性传染病控制后，最后一头病猪死亡、痊愈或扑杀后经过规定时间间隔，无新病例发生时，经严格大消毒后可解除封锁。

（5）养猪场兽医诊断实验室承担猪群的健康监测工作，应定期对猪群主要疫病免疫后抗体水平和内外寄生虫病驱虫效果进行监测，对猪群疫病流行现状进行调查，检查消毒效果，开展药敏试验等。

四、罚则

任何人违反本条例有关条款，屡教不改的；破坏本场防疫安全，导致疫病流行，造成损害的，养猪场有权依据国家、公司及本场的相关规定对其进行处罚。

第二节　卫生消毒制度

一、卫生消毒制度

卫生消毒是规模化养猪场兽医防疫卫生保健工作中的一项重要措施。为了保持养猪场内的清洁卫生，降低场内病原体的密度，净化生产环境，为猪群建立良好的生物安全体系，促进猪群健康，减少疾病的发生，应严格执行卫生消毒制度。

（1）生活区、办公区（室）、食堂、宿舍及其周围环境，每月大消毒一次（图7.1）。

图7.1　场区道路消毒

（2）猪只周转区：周转猪舍、转猪台、赶猪通道、磅秤及其周围环境每次转或出猪后要大消毒一次。

（3）生产区环境：生产区道路及其两侧5m范围内以及猪舍空地每周至少消毒一次。

（4）猪舍：每周更换消毒池内的消毒药、水两次，并确保消毒池内消毒药的有效浓度。

（5）猪舍与猪群：配怀舍每周至少消毒一次，其他猪舍每周至少消毒两次（图7.2）。

（6）生产区入口消毒池：每周至少更换药、水两次，如遇下雨，要及时更换消毒池药、水。

（7）场大门入口消毒池：每周要更换消毒池内药、水1~2次，并确保池内消毒药的有效浓度。

（8）车辆：进入生产区的车辆必须在大门外进行彻底的消

毒，随车人员消毒方法同生产区人员。

（9）更衣室及工作服：更衣室每天清洁，每周末消毒一次，工作服清洗时消毒。

（10）人员消毒：进入生产区人员必须先淋浴、消毒，更换专用工作服、鞋并脚踏消毒池方可进入生产车间。进出猪舍必须脚踏消毒池并在消毒盆洗手消毒。

（11）猪只转群后：要立即对空栏进行彻底的清洗、消毒。

（12）母猪从妊娠车间转入产房前，要对母猪进行清洗、消毒。

（13）传染病流行期间的消毒：①加强猪舍内的消毒，每日一次。②加强猪舍外围环境（包括赶猪通道）的消毒，每日一次，选用3%的烧碱溶液或生石灰水。③猪舍内、舍间的赶猪通道上撒生石灰，进出口放置消毒盆。④生产用具使用前后放在消毒池中消毒5min以上。⑤消毒药的浓度按传染病流行期间的要求使用，并根据需要定期更换消毒药的种类，即交替用药。

图7.2　猪舍内消毒

二、常用消毒药物及使用方法

养猪场常用消毒药物及使用方法见表7.1。

表7.1 养猪场常用消毒药使用方法

类别	名称	常用浓度与用法	消毒对象
碱类	NaOH 溶液 CaO 水 生石灰	1%~5%浇泼 10%~20%刷拭 直接调制石灰乳用	空栏消毒、消毒池 空栏消毒 道路、环境、猪舍墙体、空栏
酚类	福尔酚（菌毒灭、菌毒敌、华威Ⅱ号等）	1:100喷洒 1:300喷洒	发生疫情时栏舍环境强化消毒、空栏消毒、载畜消毒、消毒池
醛类	福尔马林	2%~10%喷洒（夏天） 15~20mL/m³ 熏蒸（冬天）	畜舍内外环境消毒、空栏消毒后的猪舍
季铵盐类	新洁尔灭 拜洁 50%的百毒杀	0.1%浸泡 1:500喷雾 1:(100~300) 喷雾	皮肤及创伤消毒 舍内外环境消毒、载畜消毒 舍内外环境消毒、载畜消毒
酸类	灭毒净 过氧乙酸	1:500喷雾 1:200	舍内外环境消毒、载畜消毒 猪舍消毒池、赶猪道、道路环境
卤素类	有机氯（如消毒威等） 碘（碘酊等） 络合碘（特效碘）	0.5%~1%喷雾 2%~5%外用 (50~100) ×10⁻⁶	舍内外环境消毒、载畜消毒 皮肤及创伤消毒 舍内外环境消毒、载畜消毒
氧化剂	高锰酸钾 过氧乙酸	0.1%浸泡、饮水 0.5%喷雾 5%熏蒸	皮肤及创伤消毒 畜舍内外环境消毒 空栏消毒（2.5mL/m³）
醇类	酒精	70%外用	皮肤及创伤消毒

第三节 消毒中不可忽视的细节

消毒是养猪场最常见的工作。有人说如果养猪场消毒费用能占到猪场药费的第一位（相应的还有疫苗、预防、治疗），那这个养猪场一定是非常棒的。这说明消毒的作用是非常大的，但也常有花了很多消毒费，但却收不到理想的效果，这可能是在消毒的细节上出了问题。

一、传染病发生的条件与消毒的关系

传染病是养猪场危害最大的病。发生传染病必须具备以下条件：一是传染源。传染源是指带有细菌、病毒、寄生虫的动物和人。二是传播途径。传播途径是指病原体离开传染源后，再进入另一个易感者所经历的路程和方式。三是易感猪群。易感猪群是指对某种传染病的病原体具有较高感受性的猪群。它们在受病原体侵袭时易被感染发病，对该种病原体没有免疫力；具体地说，是没有抵抗力的猪、处于应激状态的猪、处于疾病状态的猪易被传染。消毒就是要消灭这些传染源。直接地说，消毒的作用是杀灭病原体，包括细菌、病毒及其他微生物。消除传染源和传播途径这两个环节，那么传染病也就不会发生了。

另外，有些病原体是从场外带入的，也有些是场内猪体自带的，一旦猪体抵抗力降低，病原体数量达到一定程度，就会引起传染病的发生。所以消毒不但是针对进场的人和车，而且还要在场内、舍内经常消毒，使病原体数量减少到不足以发病的程度。

二、病原体的繁殖

病原体的繁殖速度是非常快的。有资料介绍，大肠杆菌的繁殖是每20min分裂一次，如果不停地分裂下去，那24h之后，就可繁殖4 722 366 500万亿个，重量达到472t。消毒就是不给病原体繁殖提供条件，彻底消灭病原体。

三、消毒的方式

我们认为，只要能使病原体减少的工作都可以列为消毒：清理打扫属于消毒、冲洗圈舍属于消毒，圈舍栏杆喷洒涂料也属于消毒。

养猪场常用的消毒方式有以下几种：浸泡消毒、喷雾消毒、烟熏消毒、光照消毒、蒸煮消毒。

（1）浸泡消毒。是将需要消毒的物体浸泡在消毒液中，这种方法消毒彻底，比如手术器械的消毒。进场时车轮过消毒池，进舍时脚踩消毒盆，用消毒药液洗手等，都属于浸泡消毒。

（2）喷雾消毒。这是养猪场使用最多的一种消毒方式，用于空气、地面、墙壁、笼具等的消毒。其消毒面积大，速度快，消毒范围广。使用的器械有农药喷雾机，也有电动冲洗机。

（3）熏蒸消毒。一般是使用甲醛和高锰酸钾混合后，释放出甲醛气体，起到消毒作用。这种方法常用于其他消毒方式难以消毒的缝隙、空气等，是其他消毒方式的有效补充。

（4）紫外线消毒。紫外线可以破坏细胞，杀死细菌病毒。对物体表面和空气中的病原体杀灭效果最好。

（5）蒸煮消毒。利用水或蒸汽的高温，使病原体的组织变质，起到杀灭细菌或病毒的作用。

四、消毒注意事项

需要注意的是，每种消毒方式都会受到多种因素的影响，下面就是不同消毒方式需要的条件。

1. 消毒需要时间

（1）高温消毒：一般情况下，60℃就可以将多数病原体杀灭，但汽油喷灯温度达几百摄氏度，喷灯火焰一扫而过，也不会100%杀灭病原体，因时间太短。

（2）蒸煮消毒：在水开后30min后才可以将病原体杀死。

（3）紫外线照射：必须达到5min以上。

注意：这里说的时间，不单纯是消毒所用的时间，更重要的是病原体与消毒药接触的有效时间；因为病原体往往附着于其他物质表面或中间，消毒药与病原体接触需要先渗透，而渗透则需要时间，有时时间会很长。

2. 消毒需要药物与病原接触

消毒药喷不到的地方的病原体不会被杀死。消毒育肥舍地面时，如果地面有很厚的一层粪，消毒药只能将最上面的病原体杀死，而在粪便深层的病原体却不会被杀死，因为消毒药还没有与病原体接触。我们要求猪舍消毒前先将猪舍清理冲洗干净，就是为了减少其他因素的影响。

3. 消毒需要足够的剂量

消毒药在杀灭病原体的同时往往自身也被破坏，一个消毒药分子可能只能杀死一个病原体，如果一个消毒药分子遇到5个病原体，再好的消毒药也不会有好的效果。

消毒药的用量，一般是每平方米面积用1L药液。生产上常见到的则是不做计算，只是将消毒药在舍内全部喷湿即可，人走后地面马上干燥。这样的消毒效果是很差的，因为消毒药无法与掩盖在深层的病原体接触。

4. 消毒需要没有干扰

许多消毒药遇到有机物会失效，如果把这些消毒药放在消毒池中，池中再放一些锯末，作为鞋底消毒的手段，效果就不会好了。

5. 消毒需要药物对病原体敏感

不是每一种消毒药对所有病原体都有效，而是有针对性的，所以使用消毒药时也是有目标的。如预防口蹄疫时，碘制剂效果较好；而预防感冒时，过氧乙酸可能是首选；预防传染性胃肠炎时，高温和紫外线可能更实用。

注意：没有任何一种消毒药可以杀灭所有的病原体，即使我们认为最可靠的高温消毒，也还有耐高温细菌不被破坏。这就要求我们使用消毒药时，应经常更换，这样才能收到最理想的效果。

6. 消毒需要条件

如火碱是好的消毒药，但如果把病原体放在干燥的火碱上面，病原体也不会死亡，只有火碱溶于水后变成火碱水才有消毒作用，生石灰也是同样道理。福尔马林熏蒸消毒必须符合三个条件：一是足够的时间（24h以上），需要严密封闭；二是需要温度，必须达到15℃以上；三是必须足够的湿度，最好在85%以上。

如果脱离了消毒所需的条件，效果就不会理想。如一个养猪场对进场人员的衣物进行熏蒸消毒，专门制作了一个消毒柜，但由于设计不理想，消毒柜太大，无法进入屋内，就放在了舍外。夏秋季节消毒没什么问题，但到了冬天，仍然在舍外熏蒸消毒，这样的效果是很差的。

还有的在入舍消毒池中，只是例行把水和碱放进去，也不搅拌。碱靠自身溶解需要较长时间，刚刚放入碱的消毒水就没有什么消毒效果了。

五、消毒存在的问题

1. 光照消毒

紫外线的穿透力是很弱的，一张纸就可以将其挡住，一块布也可以挡住紫外线。所以，光照消毒只能作用于物体的表面，深层的部位则无法消毒。另一个问题是，紫外线照射到的地方才能消毒，如果消毒室只在屋顶安装一个紫外线消毒灯管，那么只有头和肩部消毒彻底，其他部位的消毒效果就差了。所以不要认为有了紫外线灯消毒就可以放松警惕。

2. 高温消毒

时间不足是常见的现象，特别是使用火焰喷灯消毒时，仅一扫而过，病原体或病原体附着的物体尚没有达到足够的温度，病原体是不会很快死亡的。这也就是为什么蒸煮消毒要 20min 以上的原因。

3. 喷雾消毒

剂量不足是常见现象，当你看到刚喷雾过后地面和墙壁已经变干时，那就是说消毒剂量一定不够；养猪场规定，喷雾消毒后1min 之内地面不能干，墙壁要流下水来，以达到消毒效果。

产房消毒也应该达到这样的标准，因为一方面消毒造成的潮湿是暂时的，过一阵就会干燥，短时间的潮湿对仔猪的危害并不大；另一方面，这样的消毒方式不能过于频繁，如果三天两头都采用这样的消毒显然是不合适的。如确实需要增加消毒次数，可以一周之内一次彻底消毒，其他消毒采用简单形式，要求低一些，如可以用普通喷雾器消毒。

4. 熏蒸消毒　封闭不严，甲醛是无色的气体，如果猪舍有漏气时无法看出来，这就使猪舍熏蒸时出现漏气而不能发现。甲醛气体从漏气的地方跑出来，消毒需要的浓度也就不足了。如果消毒时间过后，进入猪舍没有呛鼻的气味，眼睛没有发涩的感觉，就说明一定有漏气的地方。

六、消毒的五个步骤

正常的消毒要分五步：清、冲、喷、熏、空（空舍消毒）。

1. 清

清是指清理，是把脏物清理出去。因为病原体生存需要环境，细菌需要附着于其他物质上面，而病毒则必须依附在活细胞上才能生存。清理是把病原体生存所依附的物质清理出去，病原体也就一起清理出了猪舍。如果不清理就消毒，会出现三个后果，一是因消毒药物剂量不足使消毒不彻底，二是增加消毒费用，三是增加舍内湿度，这三个后果都不是我们想看到的。

2. 冲

就是冲洗，是把清理剩下的脏物用水冲走。一个养猪高手介绍经验时，说他们对临产母猪上产床的消毒，就像给人洗澡一样。猪体脏的时候，有时会使用洗衣粉等，以保证冲洗彻底，绝不能让一点脏物带进产房。

3. 喷

也就是喷雾或喷洒消毒。尽管我们采用清、冲的办法使猪舍脏物清理出去，但一般并不能做得很彻底，特别是地面饲养时，需要进行喷洒消毒；喷洒消毒使用的药量更大，速度也更快，而且设备也便于购置。而喷雾消毒设备，或是价位太高，或是速度过慢，可以在大型养猪场使用。喷雾消毒只适用于消毒频繁而需要控制湿度的产房或保育舍使用。

4. 熏

熏蒸消毒，一般使用甲醛熏蒸，前面已经提到。

5. 空

这是一个常被人们忽视的消毒方式。空的意思是把猪舍变干燥，使经历过清、冲、喷、熏的病原体，处于一个非常不适应的环境中，会很快死亡；另外，空的更重要的作用是使猪舍变干燥，潮湿对猪的危害是相当大的，前面我们已经讨论过。如果猪舍在进猪前能空闲一周，转群时的许多问题都会迎刃而解。

上面的五个步骤，人们都明白，但关键是能否执行到位，再好的措施执行不到位也没有好效果。

七、消毒过程中应注意的细节

下面与大家讨论消毒过程中应注意的细节和应对措施：

1. 产房仔猪铺板的消毒

产房保温箱一般使用木制垫板，因木质比较软，而且有缝隙，一般的清、冲消毒往往做得不彻底，因为病原体可能已经钻入疏松的木板里面了。所以我们建议对木板的消毒采用浸泡消毒的方式；在养猪场里建一个与木板大小相应的浸泡池，木板在冲洗干净后，放入5%的火碱液中浸泡半小时以上，让火碱水渗入到木板里面，可以将里面的病原体杀死。

2. 产房、保育舍铸铁板缝隙的消毒

许多产房和保育舍采用铸铁漏缝地板，这种方式有一个缺点是板与板之间的缝隙很难冲洗干净，需要将板掀起来，冲洗干净后再放好。但这样做，一是加大员工工作量；二是如果工作时不注意，人很容易从床上掉下来。这样做尽管会增加工作量，也可能会使员工受伤，但如果不坚决执行，就会使消毒不彻底。消毒不彻底与不消毒的差别只是量的问题，而性质是一样的。针对这个问题，我们必须在加强安全教育的基础上，采用提高工资待遇的办法来刺激员工积极性，也可以在养猪场专门安排清理冲洗人员来解决这一问题。

3. 进场人员的消毒

进场人员的消毒是防止疾病入场的重要手段，特别是从其他场返回的人员、与其他养猪场人员接触过的人员、外来参观学习的人员、新招来的职工等。这些人因与其他养猪场人员接触，难免身上带有其他场的病原体。平时的消毒措施，不管是紫外线灯照射，还是身上喷雾，都不可能把衣服里边的病原体杀死。所以针对进场人员，最好的办法是更换衣服并洗澡。需要在场里工作的人员，则要将衣物进行熏蒸消毒，这样的消毒才是最彻底的。

4. 售猪人员的消毒

售猪人员在售猪过程中，难免与拉猪车接触，如果售猪结束后直接进猪舍工作，就有将病原体带进猪舍的可能。冬季大面积的口蹄疫和传染性胃肠炎的发生，与售猪车有直接关系，不能不引起重视。以下措施可供参考：

（1）把磅秤作为隔离带，场内人员把猪赶上磅秤，称好后交给收猪人员负责赶上车。这一措施已在多数养猪场采用，收猪人员已经接受。

（2）明确分工，在磅秤附近赶猪或过秤的人员固定，只在该区域活动，其他人员只负责把猪从猪舍赶到磅秤，不与收猪人员接触。

（3）有专用售猪衣服和鞋，售猪时，参与售猪的每个饲养员都更换售猪用衣服和鞋，售猪结束清洗消毒后待用；饲养人员更换原工作服和鞋进舍工作。

（4）售猪结束后，马上派专人对售猪场地进行彻底清洗消毒。

（5）平时将售猪区域变成隔离区，一般人员不得进入。

（6）严格执行上述规定，任何人不得违反，否则严肃处理。许多老板考虑到上面的措施既增加费用，又太烦琐，不愿实施。我们可以算一笔账，如果五年时间内少发生一次因售猪带来的病如口蹄疫或传染性胃肠炎，少损失的钱足以把上面的工作做几十遍。我们算过，一个万头养猪场，如果发生传染性胃肠炎，即使不造成死亡，单纯浪费一周的饲料，费用就可达到10万元以上（一天7t料，七天49t料，每吨2 500元，合计122 500元），加上治疗费损失就更大了。

5. 玉米的消毒　我们在秋冬季看到玉米在大路上晾晒，各种车辆从旁边过，如果有拉猪车甚至是拉死猪的车，车上不慎掉下一些东西，也可能这些东西里面含有病原体。而我们收购的玉米往往不去杂，现购现用，可能会把里面的病原体直接让猪吃进肚子里，"病从口入"成了现实。如果说对进场玉米进行消毒很不现实，但我们可以采用有效的办法减轻危害。一是将购进的玉米进行过风或过筛去杂，因即使有病原体一般也是在杂质里面；二是把玉米存放一段时间后使用，病原体脱离了生存条件后，也会很快死亡。这两种措施并不复杂，大多养猪场都可以采用。

6. 灭蚊消毒 蚊子的危害大家都清楚，夏季常发病如附红细胞体病和乙型脑炎，主要是蚊子传播的；蚊子传播疾病是用它的针头，我们在强调一猪一个针头的时候，却无法对蚊子的针头消毒，唯一的办法是使场内没有蚊子，消灭蚊子是最好的消毒方法。

八、消毒常见漏洞

养猪场大面积发病应该不是很容易的，病原体的传染要受到猪自身免疫力的抵抗，病原体从场外进入到场内，又需要通过几道门：场门、区门、舍门、栏门、口门。即首先进入猪场，然后进入生产区，再进入猪舍、猪栏、猪体内。这么复杂的过程为什么还会发生传染病呢？是因为在各个环节有漏洞，下面就是一些常见的漏洞：

1. 消毒水长时间不更换

任何消毒药都有寿命：火碱会受到空气中二氧化碳的破坏；碘制剂、高锰酸钾、过氧乙酸等，是通过氧化破坏病原蛋白质，遇到其他的还原剂也会被破坏而失效。其他的消毒药也是同样的道理，在杀灭细菌的同时本身也在消耗，所以都有时限性，也就是说过一段时间效果会变差，必须及时更换消毒药，或保持足够的浓度才能起到消毒作用。如果我们发现高锰酸钾颜色变成暗红色，如果我们发现火碱水没有黏性，那它的消毒作用已经很弱或丧失了。

2. 消毒前不清理

消毒前不清理地面和猪体，消毒药液浸泡消毒体需要相当时间才可浸透，一般的喷雾消毒起到的作用有限。

3. 新饲养员的行李和衣物

新来的饲养员的行李和衣服，喷雾、浸泡无法进行，紫外线无法穿透，而细菌和病毒则可以钻进里面。如果这些物品在原先猪场用过，难免里面有其他猪场的病原体，只有熏蒸可以解决，但又需要足够的时间。所以，如果猪场做不到免费提供行李时，也可以在隔离间安置公用行李，保证在新饲养员行李熏蒸消毒时仍有被子可用。

4. 消毒池中的砖块

有了砖块，人的鞋子就可以不通过消毒池的消毒液，也就没有消毒作用了。

5. 消毒池边的人行过道

消毒池边上如果有人行过道，就会让消毒池变成废物。

6. 大体积物品的消毒

脏的保温箱，如果消毒不彻底，下批猪使用时的危害是相当大的。但这样大的体积，浸泡不易，该如何消毒呢？使用油漆可能是一个不错的办法，因油漆后的木板可防止病原体渗透，也便于清洗消毒；油漆并不是每次都需要刷，一次刷漆可使用多次。

7. 高锰酸钾的浓度、颜色

高锰酸钾是常用的消毒药，可以饮水，也可以冲洗子宫，也可以擦洗消毒乳房。但使用的浓度多少合适呢？据资料介绍，饮水和子宫冲洗不要超过0.05%，否则易损伤黏膜；体外消毒则可以使用0.1%高锰酸甲溶液。但0.05%和0.1%高锰酸钾溶液的颜色是什么样？是粉红色？还是深红色？还是紫红色？还是暗红色？这个问题我们不能给出答案，原因是，高锰酸钾的质量参差不齐，严格按百分比加水，浓度也未必准确，只有凭经验观察颜

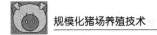

色才是最有效的办法。

◆ 知识链接

福尔马林和高锰酸钾混合消毒操作步骤

第一步：按照福尔马林（甲醛，浓度为 40%）10mL/m³，高锰酸钾 5g/m³，计算出消毒舍的实际用量。

第二步：房间事先要清洗干净并密闭好。

第三步：选用合适的盛药容器，并要耐热、耐腐蚀，以陶瓷或玻璃容器为好。

第四步：先将温水少量倒入容器内，后加入高锰酸钾，搅拌均匀，再加入甲醛。加入甲醛后立即离开，并密闭房门。注意容器放置应靠近舍门，以便操作人员迅速撤离。

第五步：消毒反应时间一般为 30min，房间密闭消毒时间为 24h 以上，然后解封透气。

第四节　各车间（舍）卫生保健制度

为提高养猪场群体健康水平，保证养猪场各项防疫保健措施按照规定的时间和方法执行，应制定各车间（舍）的卫生保健制度。

一、配种车间（舍）

1. 猪舍卫生管理

（1）各猪舍应在每批猪进栏前进行一次大消毒。

（2）每日或每周对全车间进行一次常规消毒。

（3）每日上、下午各清扫栏舍一次，保持栏舍内清洁卫生，配种栏每日配种结束后及时清扫和消毒。

（4）定期杀虫、灭鼠。

2. 猪群兽医保健管理

（1）新转入待配区的猪群应合理分栏饲养、防止打架，加强运动并注意对猪只产科病、肢蹄病的治疗。

（2）每日由配种员进行发情鉴定，对发情猪只及时配种，配种后转入观察区。对超过7天（或14天）未发情猪只使用人工和药物诱导发情。

（3）成年种公猪每年春、秋两季（4月和10月）分别进行一次猪瘟、猪丹毒、猪肺疫、伪狂犬病、细小病毒的免疫注射；每年10月间隔15天进行两次口蹄疫免疫，次年2月再进行一次口蹄疫免疫。也可每隔3~4个月进行一次口蹄疫免疫，全年进行3~4次。每半年驱除内外寄生虫一次，参加配种前再进行一次。

（4）及时治疗种公猪肢蹄病，定期检查公猪精液和配种效果，有异常情况及时进行诊断治疗。

（5）成年母猪待配期注射猪丹毒、猪肺疫，选择性注射蓝耳病、衣原体。口蹄疫的免疫同种公猪。

（6）青年公母猪在参加配种前应进行猪瘟、猪丹毒、猪肺疫、伪狂犬、细小病毒、乙型脑炎等免疫。口蹄疫的免疫同种公猪。并依据本场实际情况对繁殖与呼吸综合征、衣原体、喘气病（支原体性肺炎）、传染性胸膜肺炎、猪链球菌病、传染性胃肠炎、流行性腹泻及大肠杆菌病、仔猪红痢等选择性地进行免疫。免疫员每日观察猪只采食、饮水、大小便、休息、运动及精神状况，发现异常及时诊断治疗。

（7）猪只配种后4周经观察检测初步确认怀孕后，转入妊娠车间。未怀孕者转入待配区参加下次配种。

（8）长期不能正常发情的母猪，经治疗无效后应予淘汰。

二、妊娠车间（舍）

1. 猪舍卫生管理

（1）妊娠母猪依据其妊娠日龄按批次分区域实行限位饲养。

（2）每批猪只转栏后，对该区域实行大消毒和设备维修。

（3）每日或每周数次对全车间进行日常消毒。

（4）每日上、下午各清扫一次栏舍，保持舍内卫生，注意舍内温度、湿度及空气质量，夏季做好降温和通风，冬季做好保温和换气。

（5）定期杀虫、灭鼠。

2. 猪群兽医保健管理

（1）进行妊娠检查及检测，对发生返情、早期吸收、流产、早产母猪的病因进行诊断治疗并转入配种车间。对流产、早产胎猪剖检。

（2）产前注射伪狂犬疫苗，并根据本场疫情选择性注射大肠杆菌、传染性胸膜肺炎、猪传染性萎缩性鼻炎、传染性胃肠炎、流行性腹泻、猪气喘病、红痢等疫菌苗。口蹄疫免疫同种公猪。

（3）妊娠期内根据猪群健康状况及预防或治疗疾病的需要投喂抗菌药物。每年夏季可投喂大清叶等清热解毒中草药。

（4）妊娠母猪应于妊娠后期进行一次驱虫。

（5）饲养员、技术员应每日观察猪只饮食、大小便、运动、休息及精神状况，及时诊治猪只疾病。检查妊娠母猪日粮，禁喂霉败变质饲料。

三、产仔车间（舍）

1. 猪舍卫生管理

（1）以单元为单位实行全进全出。

（2）产仔舍空栏后，进行设备维修和大消毒，有条件时可于消毒后对猪舍进行一次消毒效果检测。

（3）每日一次对全车间各单元实行日常消毒。

（4）每日上、下午各清扫一次栏舍，冲洗排污沟内粪便，勿使积存发酵。监测猪舍温度、湿度和空气质量，做好夏季降温通风和冬季保暖换气。

（5）气温下降后立即安装仔猪保温设备。

（6）定期杀虫、灭鼠。

2. 猪群兽医保健管理

（1）母猪于临产前一周转入产仔车间，进入产仔舍前应对母猪实行洗浴或喷雾消毒后上床待产（图7.3）。

（2）为预防母猪与仔猪可能发生的疾病，可在临产前3天至产后4~7天对母猪投服抗菌药物。

（3）为调整猪群繁殖节律，保证全进全出的实行，可在母猪预产期前1~2天使用药物诱导分娩。

图7.3 孕母猪进产房通过消毒通道

（4）母猪出现分娩征兆即将开始分娩前，使用消毒剂对母猪后躯、外阴部及乳房进行清洗消毒。

（5）母猪分娩时，饲养技术员守候在母猪旁，仔猪初生后，及时去掉其体表胎膜、口中黏液。擦干其身体后，掐断脐带，剪去犬齿，并予以消毒。如果需要，对仔猪进行猪瘟超免，完成上述工作后即可让仔猪哺吸初乳。可于产后第二或第三日再行断尾、剪耳号，对损伤部应予消毒。

（6）发生难产时应及时分析难产原因，实行人工助产或药物助产，对假死仔猪应及时加以救治。

（7）做好产仔记录，除母猪及与配公猪基本情况外，应记录产仔数、健仔数、死胎数、木乃伊胎数。必要时还应记录仔猪的体重、性别及奶头数。如死胎、木乃伊胎数、畸胎及弱仔数异常增加时，应及时分析原因，制定相应对策，必要时应将病料送有关部门进行检测确诊。

（8）产后及时帮助仔猪固定奶头和吸足初乳，按照母猪状况均衡每头母猪哺乳数，做好仔猪寄养。

（9）当母猪泌乳不足、无乳或母猪死亡时，其仔猪可给其他母猪代养，或配制人工乳进行人工饲养。

（10）仔猪 3 天注射铁剂。

（11）仔猪 7 天开始训练吃料。

（12）预防和治疗仔猪以黄白痢为主的腹泻性疾病，严防仔猪发生传染性胃肠炎、流行性腹泻。对轮状病毒、猪球虫等可能导致仔猪腹泻的病原体加以防治。

（13）仔猪猪瘟免疫可实行超免或 20～30 日龄左右首免。根据本地及本场疫情决定是否注射副伤寒、猪传染性萎缩性鼻炎疫苗。

（14）母猪于断奶前分别进行猪瘟、伪狂犬病的预防注射。

（15）母猪无乳综合征（MMA）的治疗。MMA 包括子宫炎、阴道炎、乳房炎、无乳、产乳热等多种症候，可依据发病情况分别予以治疗。

（16）饲养技术员每日观察母猪的饮食欲、大小便、哺乳及乳房状况、外阴及其分泌物等的变化和仔猪吮乳、大小便、呼吸及体温、生长发育、精神状况等，及时治疗母猪、仔猪疾病。

四、保育车间（舍）

1. 猪舍卫生管理

（1）以单元为单位全进全出。

（2）猪舍空栏后进行一次大消毒和设备维修，有条件的可对单元式猪舍进行消毒效果检测。

（3）每日一次或每周数次对猪舍进行日常消毒。

（4）每日上、下午各一次清扫猪舍，冲洗排污沟内粪便污水，勿使积存发酵。监测舍内的温度、湿度、空气质量，做好夏季降温通风和冬季保温换气。

（5）定期杀虫、灭鼠。

2. 猪群兽医保健管理

（1）每批仔猪转入时按窝或按强弱大小分群饲养，防止猪只打架。

（2）新转入仔猪为防止应激和肠道、呼吸道疾病，可在转入时通过饲料或饮水投喂抗菌抗应激药物加以预防。

（3）保育猪应进行猪瘟的第二次免疫，并应根据本地疫情及本场防疫状况选择注射猪丹毒、猪肺疫、伪狂犬、猪繁殖与呼吸综合征、猪传染性萎缩性鼻炎、猪传染性胸膜肺炎、猪气喘病、猪链球菌病等疫苗。在口蹄疫多发、高发季节必须注射口蹄疫疫苗。

（4）公仔猪去势。

（5）2月龄左右首次进行驱除体内外寄生虫工作。

（6）注意保育猪腹泻性疾病、呼吸道疾病、肢蹄病、皮肤病的预防与治疗。

（7）饲养中注意掌握饲料转换及饲养技术，防止由饲料引起的腹泻性疾病。

（8）饲养员、技术员应每日观察猪群饮水欲、大小便、呼吸及体温、运动及休息、精神状况、肢蹄及皮肤等的变化，以及生长发育是否良好等，及时治疗猪只疾病。

五、生长育肥车间（舍）

1. 猪舍卫生管理

（1）猪舍按单元全进全出。

（2）每周1~2次日常消毒，猪舍空栏后进行一次大消毒。

（3）饲养员应每日上、下午各一次清扫栏舍，监测猪舍内温度、湿度和空气质量，做好夏季防暑降温通风，冬季防寒保暖换气。

（4）定期杀虫、灭鼠。

2. 猪群兽医保健管理

（1）每批次猪只按强弱大小分群饲养或按窝饲养。注意防止猪只打架。

（2）新转入猪只于口蹄疫多发、高发期进行口蹄疫第二次、第三次免疫。在少发期可于出栏前进行一次免疫。在保育期应注射而未注射的疫苗可在转群后继续注射。

（3）4月龄进行第二次驱杀体内外寄生虫工作。

（4）饲养员、技术员应每日观察猪群饮水欲、大小便、呼吸及体温、运动及休息、精神状况、肢蹄及皮肤等的变化，以及生长发育是否良好等，及时治疗猪只疾病。

◆ 知识链接

猪四季保健中草药方歌

春灌茵陈和木通，消黄三伏有奇功。

理肺散宜秋季灌，茴香冬月莫教空。

一、春灌茵陈散

茵陈连风俱等份，浆水生姜蜜共煎。

卒热喘粗兼慢食，三春灌此即安然。

二、夏灌消黄散

知母使芩草，二子用黄金。

新水调蜂蜜，消黄大奇功。

三、秋灌理肺散

知母山栀与蛤蚧，升麻麦冬天门冬。

秦艽百合马兜铃，防己枇杷各等份。

天花苏子白药子，浙江贝母调相停。

蜜和糯粥共调匀，肺痰喘咳效应通。

四、冬灌茴香散

茴香厚朴玄胡索，芍药当归益智仁。

黑豆陈皮川楝子，荷叶青皮与木通。

一十二味共为末，一根大葱酒二盅。

童便半盏同煎服，温中暖肾效如神。

猪四季保健中药经验方推荐

（一）冬春季通用方

白术15g、滑石15g、焦三仙15g、黄芩9g、茯苓9g、槟榔9g、枳壳9g、大黄9g、甘草9g，共为末，喂服。

（二）夏季用药方

上方中加石膏15g、连翘9g、金银花9g，去白术、茯苓共为末，喂服。

（三）秋季用药方

上方中加黄药子 9g、黄柏 9g，去槟榔、枳壳，共为末，喂服。

第五节　疫苗与防疫

一、免疫抑制是猪只的大敌

（1）免疫抑制性疾病，如猪瘟、蓝耳病、圆环病毒病、伪狂犬病等在猪群中普遍存在，致使猪体免疫力低下，导致各种疾病的发生。

（2）霉菌毒素是不可忽视的造成猪免疫抑制的重要杀手。

（3）体质虚弱、营养不良以及其他的应激因素是猪只发生免疫抑制的重要原因。

二、疫苗的合理使用

1. 免疫机制

免疫所使用的灭活苗或弱毒苗，都含有针对性的某些抗原。当疫苗接种后，机体受到抗原的刺激，在机体的免疫细胞中（主要是淋巴细胞）可根据原有选择的活化、增值和分化，而后产生免疫效应（即抗体），这叫特异性应答，也就是特异性免疫，又叫获得性免疫（后天获得）。它具有高度分辨力和强大的消除（杀伤）功能，可以抵抗某些病菌病毒的入侵，起到预防疾病的作用。

2. 疫苗的种类

（1）灭活苗（油）：又称死疫苗，是强毒微生物。经培养扩群、灭活制成的疫苗，常制成悬剂。佐剂常用油剂，故常称油乳苗（或湿苗）。

（2）弱毒苗：是将活菌（毒），经过减弱毒性后制成的疫苗。一般是将病毒注射动物体（如毒微生物，经培养扩群、灭活制成的疫苗）后不致病，但有病毒的繁殖过程（即减毒），然后采被注射动物的全身淋巴制成疫苗，也叫活疫苗或称细胞苗。本类疫苗常制作成冻干苗。

（3）高免血清：用病毒、细菌疫苗和类毒素给动物注射，剂量从弱到强，从小到大，使之产生高效免疫，在血清中产生大量抗体。采该动物的血分离血清制成高免血清。

（4）多价苗：是选择稳定、安全的多种活株弱毒，经过纯化、浓缩抗原制成的疫苗。

（5）脾淋苗：如猪瘟的脾淋苗，是采取病猪的脾毒和肠系膜淋巴结毒，按一定的比例（1:10）制成悬液，注射于兔体，兔虽有反应但不致病，经5~7天，采取兔的脾脏和肠系膜淋巴结，制成疫苗。

（6）基因缺失苗：是利用基因（DHA）重组技术，去掉病毒致病基因组中的某一片段，使缺损的病毒株难以自发恢复成强毒株，但不影响其增值和复制，仍保持良好的免疫原性，使用中更为安全。

（7）蜂胶苗：蜂胶是蜜蜂采集植物的幼芽分泌的树脂，并混入蜂上颚腺分泌物，以及蜂蜡等的天然混合物，它作为免疫佐剂具有良好的免疫增强作用。蜂胶在我国称为"软黄金"，日本称为"现代万能药"。

（8）基因工程苗：如大肠杆菌基因工程苗，是用基因工程技术，将天然的或人工构建的抗原基因导入HBIOI株或无致病性大肠杆菌体内，培养、纯化培养物加保护剂冻干而成，呈乳白色，接种于种母猪，预防幼龄仔猪大肠杆菌病。

3. 灭活（油）苗与弱毒苗的使用

（1）灭活苗。

1）灭活苗的优点：① 副作用小，注射后应激小。② 不排毒，无污染。③在紧急接种时，可与抗生素合用不受干扰。

2）灭活苗的缺点：①注苗后猪应答反应慢，一般5~7天形成高峰，效果并非十分理想。② 注射剂量大，免疫期短，一般最多持续6个月。③ 激发细胞免疫能力弱，或根本不能激发细胞免疫，制苗须加入细胞免疫（激发）促进剂（BCG）或人工合成促进剂左旋咪唑。

3）合理使用：① 主要用于种猪。② 孕母猪孕初期或孕后期，两次免疫，间隔20天，可以减少死胎率和提高仔猪成活率。③ 后备种母猪在配种前，最好进行2次免疫，效果好。④ 种公猪每年可免疫2次（春秋各一次）。

（2）弱毒苗。

1）弱毒苗的优点：①弱毒苗激活细胞免疫能力强，优于灭活菌。②产生抗体时间短（一般3~5天）。③免疫期长，可持续6个月以上。④免疫效果优于灭活菌。

2）弱毒苗缺点

①弱毒苗（株）有突变返强的可能，有致病的潜在因素。②对已稳定的猪群，弱毒苗慎用。

4. 灭活菌与弱毒苗的配合使用

（1）在疫苗使用方法上，将弱毒活疫苗和灭活苗配合使用。如先用灭活苗，再用中等毒力的弱毒苗进行强化免疫，解决了单独使用弱毒苗和单独使用灭活苗所不能达到的免疫效果问题。

（2）在使用灭活油乳乳剂疫苗时，也可先用一次弱毒苗，再用灭活油乳剂苗注射，可产生高效的免疫力。

（3）第一次注射和第二次的强化接种，其间隔时间一般以3周（20天）为佳。

三、免疫增效法

1. 增加饲喂多维素法

（1）原理：添加多种维生素，可帮助猪体恢复和健全自身的免疫系统，与疫苗同时使用可有效提高免疫效果。特别是重用维生素C和维生素E，还可减少猪在注射疫苗期间的应激反应，这是个传统有效的办法。

（2）用量：多种维生素：200~300g，拌饲料600kg。

维生素E：20mg拌饲料1kg。

维生素C：250g拌饲料500kg。

2. 添加黄芪多糖法

（1）原理：黄芪多糖有扶正祛邪、补气升阳、抗菌、抗毒、消炎作用。能诱导机体产生干扰素，促进抗体形成，增强机体的免疫力，快速提升猪在使用各种疫苗时的整体效价水平，还有较好的促生长作用。

（2）用量：

黄芪多糖（98%的含量）：

100~200g拌饲料1 000~2 000kg。

3. 注射亚硒酸钠法

（1）原理：注射疫苗时同时注射亚硒酸钠。据研究表明，亚硒酸钠是各种疫苗的强化剂，可提高免疫的效果，提高猪对多种病毒的抵抗力，还可降低猪副伤寒和大肠杆菌的发病率。

（2）用量：每千克体重用0.1mg，肌内注射。

4. 应用左旋咪唑法

（1）原理：据研究证明左旋咪唑除了驱虫作用外，还是一种免疫增强剂。也可提高内源干扰素的产量，从而促进抗体的形成，增强机体免疫力，提高免疫效果。

（2）用量：每千克体重用0.1mL（相当7.5mg）。肌内注射、擦皮或内服均可。

5. 应用卡那霉素法

（1）原理：卡那霉素可以作为干扰诱生剂的促进剂，因此在注射疫苗时配合使用卡那霉素，可以促进干扰素、诱生剂的活化，进而促进干扰的大量产生，有效地促进疫苗抗体的产生。

（2）用量：每千克体重4万~10万单位，肌内注射。

6. 添加中草药法　有些中草药具有提高抵抗力和增加免疫效果的作用，除黄芪之外，党参、肉苁蓉、巴戟天、锁阳都可选用。剂量一般在5~30g，拌料或煎水饮用。

7. 植物血凝素法

（1）原理：植物血凝素可以提高高分子糖蛋白质合成，它是一种免疫激动剂，较干扰素作用强多倍，可以提高免疫效价。还可以治疗混合感染等疑难杂症等。

（2）用量：每支用5mL蒸馏水稀释，每千克体重肌内注射0.02mL，每日一次。

8. 其他　如白细胞干扰素、聚肌胞等，也是经常选用的方法。

9. 针头选择

猪只大小不同，要选择适当型号和长短的针头，如表7.2所示。

表7.2　防疫注射所使用针头型号与长短

猪别 针头	10千克以上	10~30千克	30~100千克	100千克以上
针头型号	9号	12号	12号	12~16号
针头长度（cm）	1.2~1.8	1.8~2.5	2.5~3	3.5~3.8

四、规模养猪场免疫参考程序

1. 商品猪免疫参考程序

商品猪免疫参考程序见表7.3。

表7.3　商品猪免疫参考程序

时间（日龄）	疫苗名称	使用方法及剂量	备注
吃初乳前1~2h	猪瘟零疫苗	肌内注射1头份	超前免疫
	伪狂犬疫苗	肌内注射或滴鼻2头份	
7日龄	胃流二联苗	肌内注射1头份	
20日龄	猪瘟脾淋疫苗	肌内注射1头份	首免
	链球菌疫苗	肌内注射2头份	
30日龄	蓝耳病灭活油佐剂疫苗	肌内注射2mL	首免
	猪丹毒肺疫二联苗	肌内注射2头份	
40日龄	猪口蹄疫合成肽疫苗	肌内注射2mL	首免
	猪副伤寒疫苗	肌内注射或口服1头份	
60日龄	猪瘟脾淋苗	肌内注射1头份	二免加强
	伪狂犬疫苗	肌内注射2头份	
70日龄	蓝耳病灭活油佐剂疫苗	肌内注射2mL	二免加强
	猪丹毒肺疫二联苗	肌内注射2头份	
80日龄	猪口蹄疫合成肽疫苗	肌内注射5mL	二免加强
	猪副伤寒疫苗	肌内注射或口服1头份	
出栏前21天	口蹄疫疫苗	肌内注射5mL	强化免疫

2. 后备母猪免疫参考程序

后备母猪免疫参考程序如表7.4所示。

表7.4 后备母猪免疫参考程序

（按母猪220日龄，体重120kg至第二个情期配种）

时间（日龄）	疫苗名称	使用方法及剂量	备注
160日龄 体重75~80kg	蓝耳病灭活油佐剂疫苗	肌内注射4mL	首免
	细小病毒疫苗	肌内注射1mL	
175日龄 体重80~90kg	口蹄疫合成肽疫苗	肌内注射5mL	首免
	猪瘟脾淋疫苗	肌内注射2~4头份	
185日龄	伪狂犬疫苗	肌内注射1头份	
	乙脑疫苗	肌内注射1mL	
190日龄	蓝耳病灭活油佐剂疫苗	肌内注射4mL	二免加强
	细小病毒疫苗	肌内注射1mL	
195日龄	猪丹毒肺疫二联疫苗	肌内注射1头份	
	猪衣原体疫苗	肌内注射3mL	
200日龄	猪口蹄疫合成肽疫苗	肌内注射5mL	二免加强
	猪瘟脾淋疫苗	肌内注射2~4头份	

3. 生产母猪免疫参考程序

生产母猪免疫参考程序见表7.5。

表 7.5　生产母猪免疫参考程序
（含准胎的后备母猪）

	时间	疫苗名称	使用方法及剂量	备注
产前	产前 45 天	黄白痢四价疫苗	肌内注射 1 头份	
	产前 40 天	蓝耳病灭活油佐剂疫苗	肌内注射 4mL	
	产前 30 天	伪狂犬疫苗	肌内注射 1 头份	
	产前 25 天	猪胃流二联疫苗	肌内注射 1 头份	每年 11 月至翌年 2 月底进行
	产前 20 天	链球菌疫苗	肌内注射 1 头份	
	产前 15 天	黄白痢四价疫苗	肌内注射 1 头份	
	时间	疫苗名称	使用方法及剂量	备注
产后	产后 20 天	细小病毒疫苗	肌内注射 1mL	
		乙脑疫苗	肌内注射 1mL	
		伪狂犬疫苗	肌内注射 1 头份	
	产后 25 天	口蹄疫合成肽疫苗	肌内注射 5mL	
	产后 30 天	猪丹毒疫苗	肌内注射 1~2 头份	
		猪瘟脾淋疫苗	肌内注射 2~4 头份	
其他	产前 60 天	猪喘气病疫苗	肌内注射 1 头份	
		猪胸膜肺炎疫苗	肌内注射 2mL	
	产前 30 天	猪萎缩性鼻炎疫苗	肌内注射 2mL	
	产前 30 天	仔猪红痢疫苗	肌内注射 5mL	
	产前 15 天		肌内注射 10mL	

4. 种公猪免疫参考程序

种公猪免疫参考程序见表 7.6。

表7.6　种公猪免疫参考程序

时间	疫苗名称	使用方法及剂量	备注
3月和9月上旬	猪丹毒、猪肺疫二联疫苗	肌内注射2头份	
	猪链球菌疫苗	肌内注射2头份	
3月和9月下旬	猪伪狂犬疫苗	肌内注射1头份	
	猪瘟脾淋疫苗	肌内注射2~4头份	
1月、5月、9月上旬	猪口蹄疫合成肽疫苗	肌内注射5mL	
4月中旬	乙脑疫苗	肌内注射2头份	2胎后不再注射
	细小病毒疫苗	肌内注射2头份	
3月中旬	蓝耳病疫苗	肌内注射2头份	
其他猪病	抗生素	妊娠前期、后期各用药1周	妊娠猪
	抗生素	每月用药1周	公猪

说明：

（1）除上述用药外，饲养技术人员不得擅自使用其他预防药物。

（2）其他临时性预防用药，由技术主管根据猪群具体情况另行通知。

（3）本规程不包括治疗用药。

（4）同一猪群使用预防药物抗生素时，注意每次更换品种以防产生耐药性。

（5）本规程中"抗生素"没有具体指定，由技术主管根据具体情况选择确定。

（6）预防用药只供参考，试用时要根据猪群情况、药品库存情况、新药品新技术开发情况灵活调整。

第六节 驱虫程序

一、驱虫参考程序（一）

（1）后备种猪：6 月龄或配种前一个月躯体内外寄生虫驱除一次。

（2）成年种猪：每半年躯体内外寄生虫驱除一次，母猪的驱虫在临产前或妊娠后期进行。

（3）生长育成猪：9 周龄和 6 月龄各躯体内外寄生虫驱除一次。

（4）引进种猪：使用前躯体内外寄生虫驱除一次。

（5）猪舍与猪群驱虫消毒：①每月对种猪和中大猪躯体内外寄生虫驱虫一次、并对猪舍消毒一次。② 产房进猪前空栏驱虫、消毒一次，临产母猪上床前对猪舍及体外寄生虫驱除一次。

（6）驱虫药物：视猪群情况、药物性能、用药对象等灵活掌握。

二、驱虫参考程序（二）

猪的驱虫参考程序见表 7.7。

表7.7　驱虫参考程序（二）

猪类别	驱虫投药时间	可选用驱虫药物
后备母猪	200~210 天（即配种前 1~2 周）	（1）主要成分为伊维菌素、阿苯达唑
妊娠母猪	产前 1~3 周（产前 90~105 天）	
哺乳母猪	断奶前 1 周（产后 20~25 天）	
商品母猪	40~50 天驱虫一次，以后每隔 30 天驱虫一次	（2）主要成分为阿维菌素、氟苯达唑
种公猪和后备母猪	每年 3 次，可按时在 2 月、6 月、10 月进行	（3）主要成分为伊维菌素、左旋咪唑
外购仔猪	购回后第 10~20 天驱虫，以后每隔 1 个月驱虫一次	
体外寄生虫	春秋两季或根据环境情况进行预防和治疗	阿维菌素或伊维菌素拌料，或者针剂注射
猪肺丝虫	每年春秋两季各预防一次	主要成分为伊维菌素、左旋咪唑

第七节　预防用药参考方案

一、预防用药参考方案（一）

猪的预防用药参考方案见表7.8。

表7.8　预防用药参考方案（一）

预防病名	预防药名	用药对象	用药方法
仔猪贫血	富来血	初生仔猪	1mL/头，肌内注射一次
仔猪白肌病	亚硒酸钠维生素 E	初生仔猪	0.5mL/头，肌内注射一次
仔猪黄痢	庆大霉素	初生仔猪	2mL/头，口服一次

续表

预防病名	预防药名	用药对象	用药方法
开食应激	开食补盐	5~7 天	2 包/100kg，饮水 3 天
仔猪白痢	土霉素粉	2 周和 4 周龄	1 包/100kg，饮水 3 天
断奶应激	开食补盐	4 周龄	2 包/100kg，饮水 3 天
寄生虫病	左旋咪唑	断奶后一周	4 片/（头·次），拌料 2 次
母猪产后感染	青霉素、链霉素	产后母猪	子宫内用药
	律胎素（缩宫素）	产后母猪	1mL/（头·次），肌内注射一次
母猪产前、产后、便秘及消化不良	小苏打粉或芒硝粉	产前、产后母猪	拌料连用一周
	抗生素	后备猪	每隔两周用一周

二、预防用药参考方案（二）

1. 后备母猪

（1）5% 葡萄糖 50kg+黄芪多糖 200g+维生素 C 100g/t，拌料或饮水。

（2）附红细胞体：磺胺六甲氧 400g+0.4% 小苏打+5% 葡萄糖+黄芪多糖 200g/t，拌料或饮水。

（3）呼吸道：麻杏石甘散 2kg+阿奇霉素 200g+5% 葡萄糖+黄芪多糖 200g/t，拌料或饮水。

2. 妊娠母猪

（1）保胎：13 天、21 天、60 天各注射黄体酮 20mL，或中药黄芩 60g/（天·头）。

（2）全身感染：5% 葡萄糖+黄芪多糖 200g+阿莫西林 200g/t，拌料或饮水。

（3）四环素 300g+5% 葡萄糖+黄芪多糖 200g/t，拌料。

（4）呼吸道感染：麻杏石甘散 2kg＋5％葡萄糖＋黄芪多糖 200g/t，拌料。产前、产后各一周。

第八节　临床技术操作规程

一、意义

为更有效地降低猪群的发病率、死亡率，不断促进养猪场疫病防治工作规范化、科学化，逐步提高饲养技术人员和兽医临床操作人员的技术水平，应严格执行临床技术操作规程。

二、操作规程细节

（1）掌握本地疫病流行信息，及时提出相应的综合防治措施。

（2）定期开展疾病检疫，定期进行抗体水平监测等工作。

（3）一旦发生疫情或受到周围疫情威胁，紧急封锁，职工要绝对服从封锁令。

（4）建立健康猪群。引进的种猪要检疫，并隔离饲养观察至少40天。

（5）及时隔离病猪、处理死猪。污染过的猪舍、场地彻底消毒。各舍要设1~2个病猪专用栏。

（6）病死猪要用专用车运到腐尸池或焚尸炉处理。解剖病猪在腐尸池或解剖室解剖台进行，操作人员要消毒后才能进生产线。每次剖检写出报告并存档。临床检查、剖检不能确诊，要采取病料化验。

（7）及时将猪群疫病情况反映给场部，以便有计划地进行药物添加剂预防。

（8）对病猪必须做必要的临床检查，如体温、食欲、精神、粪便、呼吸、心率等全身症状的检查，然后做出正确的诊断。

（9）诊断后及时对症用药，有并发症、继发症的要采取措施。

（10）残次、淘汰、病猪要经技术主管鉴定后才能决定是否出售。

（11）预防中毒、应激等急性病，发现时及时治疗。

（12）久治不愈或无治疗价值的病猪及时淘汰。

（13）勤观察猪群健康情况，及时发现病猪，及时治疗。严重疫情，及时上报。

（14）做好病猪病志、剖检记录、死亡记录，经常总结临床经验、教训。

（15）技术主管要根据猪群情况科学地提出防治方案，并监督执行。

（16）按时提出药品、疫苗的采购计划，并注意了解市场上新药品、新技术。

（17）正确保管和使用疫苗、兽药，有质量问题或过期失效的一律禁用。

（18）药房专人管理，备齐常用药。库存无货要提前一周提出采购计划。注意疫苗、药品的保管要求、条件，避免损失浪费。接近失效期药品要先用或技术调剂使用。各舍取药不得超过一周的用量。

（19）注射疫苗时，严格做到一头一针。要防漏注、少注。病猪及重胎猪不能注射，病愈或生产后及时补注。

（20）接种活菌苗前后一周停用各种抗生素。

（21）严格按说明书或遵嘱用药，给药途径、剂量、用法要准确无误。

（22）用药后，观察猪群反应，出现不良反应时要及时采取补救措施。

（23）有毒副作用的药品要慎用，注意配伍禁忌。

（24）免疫和治疗器械用后要消毒，不同猪舍不得使用同一注射器。

（25）对养猪场有关疫情、防治新措施等技术信息，严格保密，不准外泄。

第九节　免疫接种操作规程

免疫接种是养猪场兽医防疫卫生保健工作的一个重要环节，通过对猪群群体的免疫接种，能提高猪群对传染病的抵抗力，防止疫病发生与流行，提高猪群健康水平。为保证免疫接种操作工作的规范性，应严格遵守下述免疫接种技术操作规程。

一、设备与器械

1. 设备
疫苗冷藏运输专用保温箱、冰柜、保温瓶（杯）等若干。

2. 器械
金属注射器或玻璃注射器、注射针头、针盒、疫苗稀释瓶、煮沸消毒器、空气针、2%～5%碘酊棉或75%酒精棉、镊子或止血钳、医用搪瓷方盘等。

二、生物制品的采购、运输、储存

1. 免疫生物制剂的种类按其性质可分为四类
（1）菌苗：用细菌菌体制造而成的，分为灭活（死）菌苗和弱毒活菌苗两种。

（2）疫苗：用病毒接种于动物，组织培养后，经过处理制造而成，亦分为灭活（死）疫苗和弱毒活疫苗两种。

（3）类毒素：将细菌所产生的外毒素用福尔马林脱毒后仍保持

其抗原性的制剂称为类毒素。兽医上常用的主要有破伤风类毒素。

（4）免疫血清：用细菌、病毒、细菌类毒素或毒素免疫动物后采集动物的血液分离出的血清，称为免疫血清。可分为抗菌血清、抗病毒血清和抗毒血清（抗毒素）。这类制剂多用于人工被动免疫。

2. 免疫生物制剂的采购

采购生物制剂应注意选用大型生物制品厂或有较高知名度的大专院校、科研院所等的相关产品。应直接向生产者或一级经销商购买，尽可能减少中间环节的转手倒卖。采购中还应特别注重经销者生物制剂的保存条件及制品的质量、失效期（或有效期）等。应索要生物制剂的使用说明书。

3. 生物制剂的运输

生物制剂应严格按照规定实行冷链运送，各种制剂在制成后均应采取冷藏保存，一般灭活疫（菌）苗应保存温度为 $2 \sim 8℃$。运输中使用冷藏保温箱以最快的速度运抵场内。夏季运输时应在冷藏箱中加入冰块，冰袋（保冷）。冬天运输时应采取防冻措施，防止灭活苗冻结，以保证疫（菌）苗的有效效价不致降低。

4. 生物制剂的储存

生物制剂运抵场内后，应立即进行清点、登记。清点时注意瓶上制剂名称与所购制剂是否相符，无瓶签或瓶签模糊不清的均应废弃。登记制剂名称、批号、数量（装量与瓶数）、制造日期或有效期、购入日期，并计算其有效保存期及失效期。已达失效期的疫苗均应废弃不用。不同生物制剂应按制剂品种分别储存，同一种生物制剂应按批号分别储存。灭活油苗、水剂苗应存放于 $2 \sim 8℃$ 冷藏箱中，不可冻结，如发生冻结、破乳等情况应废弃。冻干活苗应置于冰箱冷冻层中保存，如置于冷藏层时，其保存期视保存温度而定。每一种生物制剂的保存方法应参照其使用说明书要求进行。

5. 常用生物制剂的保存方法

常用生物制剂的保存方法如表 7.9 所示

表 7.9　常用生物制剂的保存方法

品名	保存温度（℃）	有效保存期
仔猪红痢灭活菌苗	2~15，冷暗处	1.5 年
猪肺疫弱毒活菌苗	-15	1 年
	0~8	6 个月
	20~25	<10 天
布氏杆菌 2 号苗	0~8	1 年
仔猪副伤寒弱毒灭活苗	-15	1 年
	2~8	9 个月
猪丹毒弱毒活菌苗	-15	1 年
	2~8	9 个月
猪丹毒弱毒活菌苗	26~30	<10 天
猪链球菌弱毒活疫苗	2~8	1 年
猪细小病毒灭活疫苗	15~20	<30 天
猪细小病毒灭活油佐剂苗	4	1 年
猪喘气病弱毒活菌苗	4~6	6 个月
猪传染性萎缩性鼻炎油佐剂灭活疫苗	4~8	1 年
衣原体油佐剂灭活疫苗	1~10	1 年
	18~22	6 个月
猪传染性胃肠炎（TGE）弱毒冻干疫苗	-20	2 年
猪流行性腹泻（PED）氢氧化铝灭活疫苗	4	1 年
TGE-PED 二联灭活疫苗	4	1 年
TGE-RV（轮状病毒）二联弱毒疫苗	4	1 年
仔猪黄、白痢工程菌苗	-15	1 年
	0~5	6 个月
猪大肠杆菌 K88K99 双价基因工程疫苗	-15	1.5 年

品名	保存温度（℃）	有效保存期
猪传染性胸膜肺炎佐剂灭活苗	4	1 年
	15	30 天
猪繁殖与呼吸综合征灭活疫苗	4	6 个月
猪乙型脑炎佐剂灭活苗	4~8	1 年
猪乙型脑炎弱毒冻干疫苗	-15	1 年
猪伪狂犬弱毒冻干疫苗	-15	1.5 年
	18~22	6 个月
猪伪狂犬病病毒基因缺失弱毒冻干疫苗	低温	2 年
猪伪狂犬病病毒基因缺失油乳剂浓缩苗	4	1 年
猪瘟活疫苗（细胞苗或组织苗）HC	-15	18 个月
	8~25	10 天
	>25	立即使用
O 型口蹄疫 BEI 灭活油佐剂苗（浓）	2~8	12 个月

三、预防接种的实施

（一）预防接种

1. 计划免疫

计划免疫是根据我国规模化养殖业中疫病流行现状和防疫现状及国内生物制剂的免疫特性而制定的。其中猪瘟、口蹄疫为所有场、所有猪均应严格进行免疫的（猪肺疫、猪丹毒、猪副伤寒一般均应免疫），也可根据本场防疫条件及疫情酌情应用。

2. 重点免疫

为了防止引起猪的繁殖与呼吸综合征及主要传染病（蓝耳病、伪狂犬、细小病毒、乙脑等），对后备公母猪及经产猪均应进行免疫。

3. 选择性免疫

由于各地、各场的疫情不尽一致，即使是同一个场其免疫程序也是依据疫情发展而变化的。

（二）预防接种猪群的要求

1. 健康要求

拟实施预防接种的猪群，为了解其健康状况，应对所有拟接种猪只逐一观察其精神、营养、发育、运动、皮肤及饮食欲、大小便有无异常，必要时应测量其体温。凡属患病猪只、重胎母猪、瘦弱猪暂缓注射，候其痊愈、分娩或体质好转后再行补注。

2. 预防接种猪群的统计

实施注射前对拟注射疫苗猪只进行登记，须按猪群所在栋号、栏号、头数登记后予以汇总。登记后未注射前不得移动猪只，以免错注和漏注。

（三）器械准备

应依据接种的生物制剂的品种、猪只数量来准备。如冻干疫（菌）苗需稀释，应预备一至数个医用玻璃瓶（如 100mL 或 250mL 玻璃瓶及橡皮翻口瓶塞数只）；50mL 玻璃或金属注射器 1~2支；用于注射疫（菌）苗的金属注射器（10mL 或 20mL）或连续注射器数只；12 号或 16 号注射用针头若干，其数量应为拟注射猪只数量的 110%~120%；镊子或止血钳数支。将注射器拆卸开清洗后用纱布包裹好，针头逐一清洗后用针盒盛装，玻璃瓶及瓶塞也一并洗净后用纱布包好置于消毒锅中加水煮沸后维持 30min，停止加热待冷却后将其一一装配备用。

（四）疫（菌）苗的准备

1. 疫（菌）苗的检查

以上准备工作完成后，按照本次注射猪只数量自冰箱中取出疫（菌）苗，逐瓶检查其瓶签是否清楚，无瓶签或瓶签模糊不清者不得使用。核对所取疫苗与当日应注射疫苗名称是否相符。

检查疫（菌）苗瓶有无破损，疫（菌）苗有无长霉、异物、瓶塞松动、变色，液体苗有无结块、冻结，油苗是否破乳等。如有上述任一情况，该瓶疫（菌）苗不能使用。登记疫苗批号、有效期（生产期）、生产单位、购入期及保存期、有无二维码，如已过有效期，则应废弃不用。

2. 疫（菌）苗的稀释

（1）冻干苗应在临用时使用稀释剂加以稀释。由于冻干苗均以小瓶包装，各厂家每瓶装量不相同，故在稀释前须仔细阅读使用说明书，明确每瓶装量及所用稀释液等。严格按照装量和规定的稀释剂进行稀释。例如当 HC 冻干活苗每瓶装量 40 头份时，可先向疫苗瓶中注入 5mL 生理盐水，将其溶解后移入疫苗稀释瓶中，再加入 35mL 生理盐水与疫苗混合均匀即可使用。稀释时如发现该瓶疫苗已失去真空则需废弃不用。考虑到注射中的损耗，疫（菌）苗稀释总量较应免疫猪只头数略多 5% 左右。

（2）同时稀释两种或两种以上疫（菌）苗时，应分别用一支注射器进行，不得混用。不能用非专用稀释剂稀释疫苗，不能将两种疫（菌）苗混合稀释，也不能用水剂苗稀释冻干苗。

（3）水剂苗和油乳剂苗不必稀释，但在用前应充分摇匀。

3. 疫（菌）苗稀释后的保存

疫菌苗应在临用时进行稀释，已稀释的疫苗和菌苗应在稀释后的 4~6h 内用完，气温较高季节稀释后的疫苗应置于加冰的保冷箱（杯）中保存，注射时应避免阳光直接照射。

（五）疫（菌）苗的注射

1. 准备

疫（菌）苗稀释或摇匀后，将其放入已消毒的搪瓷盘内，同时还应将已消毒的针头、镊子和止血钳、碘酊或酒精棉、记号瓶一并放入，注射器吸入疫（菌）苗，即可开始注射苗。规模化养猪场最好使用连续注射器进行免疫接种，这样不但操作简便，更重要的是注射的剂量准确，可有效提高注射质量。

2. 注射

按照计划逐一对猪只进行接种，哺乳仔猪接种时，注射人可用左手将猪只颈部抓住提起，以右手持注射器并拿酒精棉球对注射部位消毒，注射时应在针头完全刺入后推注药液，发生疫苗漏注时应再进行补注，保证注射剂量准确。注射后即在其背部用记号笔做一记号，以避免重复注射或漏注。对其他猪注苗时，可由饲养员用挡板将猪只拦在栏圈的一角，注射人按上述次序逐一注射。

3. 疫（菌）苗的注射部位

一般为颈部耳后区，分为皮下注射、浅层肌内注射、深部肌内注射三种。可根据疫苗使用说明书中有关规定选用不同长度的注射针头。对成年猪及架子猪应使用 16 号针头，对哺乳及保育猪应使用 12 号针头。注射时，每注射一头（或一窝）猪后，更换一个针头，以防传播疾病。

4. 在免疫注射前和注射过程中，应注意检查针头质量

凡出现弯折、针头松动、针尖毛刺等情形的应予剔除，不得再用。注射时如发现针头折断的，应马上检查，针杆如遗留在猪颈部肌肉中时，须设法用器械将其取出。

四、紧急接种

1. 主动免疫

根据已经发生或可能已经感染而处于潜伏期的猪只采用相应的疫（菌）苗进行的免疫接种。接种操作技术同上。但在接种时应注意按照下列顺序依次对猪群进行接种：即首先接种安全猪群，再接种受威胁猪群，最后接种发病猪群或处于潜伏期的猪群中表现正常猪只。接种后处于潜伏期的猪群可能会有部分猪只迅速发病，但猪群中发病率会很快下降，并停止发病。

2. 被动免疫

使用抗血清或痊愈血清（或全血）对受威胁猪只进行的免疫，应在疫情确诊时使用同种疫病的抗血清方有效果。由于抗血清在猪只体内的保护期较短，多在 7~10 天，故须反复注射才能有效保护猪只。有条件的养猪场自备抗血清，用以保护仔猪及种猪。

免疫接种结束后应立即将接种用器械清洗并煮沸消毒，剩余疫苗亦应消毒，不得随意倾倒。

五、免疫接种注意事项

1. 使用某种新疫苗时

应在隔离条件下先做小群试验，了解接种后的反应，经 1~2 天观察确认安全无问题时才可大面积注射。如有不良反应则应分析其原因并制定防止对策后方可扩大注射，否则不得使用。

2. 使用生物制剂对猪群接种时

可能引起过敏反应。如注射猪副伤寒菌苗时在仔猪中常易发生过敏反应，故应于注射后仔细观察接种猪群的状况，一旦发生严重过敏反应时，应立即注射肾上腺素、扑尔敏等药物脱敏，以免导致死亡。

3. 免疫接种时应严格按照上述规定，做好各项记录

如有不良反应及异常情况，发生严重过敏反应或死亡、导致猪群发病等，并怀疑生物制剂有问题时，应迅速通知制剂生产者，以共同查明原因，防止类似事故再次发生。

4. 免疫接种的效果可通过抗体水平的监测来了解

有条件时应开展对主要传染病的抗体水平检测，既可了解接种的效果，又可开展血清流行病学的调查，为正确制定本场的免疫程序获得第一手的资料。

第八章　规模化养猪场的监控系统

第一节　监控系统的发展与安装

一、监控系统的发展趋势

近年来，随着养殖科学技术水平及规模化的不断提高和经营管理水平的上升，养猪业从零星的小规模生产逐渐走向集约化生产。对养猪业来说，要有严格的管理规范，这样才能提高养猪场的经济效益和市场竞争力。在养猪场中应用监控系统可以帮助管理人员实现对养猪场生产过程的远程监督管理。还可根据需要邀请专家通过远程视频系统对养猪场提供指导和诊疗。

此外，建立一套监控系统能有效地实现对养猪场的信息化管理，同时大大减少了员工的数量，有效提高养猪业的管理水平。

目前，国内已有许多养猪场实现了信息化管理，在养猪生产中通过中央监控器的广泛使用，取得了预想效果，达到了提高经营管理水平的目的（图8.1）。

图 8.1 中央监控室监控养猪场每个角落

二、监控系统的安装

（1）在每个栏舍安装一台红外夜视型智能高速球，通过专用线缆接入值班室，并接入养猪场的局域网。

（2）在饲养场围墙上安装网络红外一体机，接入养猪场局域网，或安装红外一体机，通过视频服务器接入养猪场局域网。

（3）管理人员、饲养员在电脑上安装视频管理软件，以观看视频。

（4）场外管理人员、客户通过互联网观看各监控点。

（5）办公室配备一台存储服务器以储存各监控录像。

（6）中央控制系统安装数字网络硬盘录像，可以实现录像数字化储存，可方便检索回放。

随着电脑在养猪生产中的广泛应用，根据猪舍的温度、猪只的营养需要、饲料需要量等，自动升降温、排湿、配料投料、清除粪便等工作均可通过电脑进行操作。监控系统的应用，使电脑运用更加人性化，从而更大程度提高了养猪业的科学技术水平和经营管理水平。监控系统将在养猪生产中起着更加广泛的作用，有着美好的前景。

第二节 监控系统的主要作用

一、监视作用

通过摄像头所拍的图像可以判断猪群状况，以及饲养员是否按技术规程在操作，是否尽职尽责。一个管理人员可以通过摄像头看到多个饲养员的工作情况和众多猪只的活动情况。

二、观察猪只作用

各养猪场都有产仔母猪，为了做好接产准备，传统的方式就需要专人看护，尤其寒冬季节，在猪舍守候确实难为了饲养员，也不符合"以人为本"的要求。通过安装监控器，减轻了工作人员的劳动强度，饲养员可在室内观察，到猪只临产时进猪舍接产。

三、展示作用

安装监控系统可通过监控视频了解全场，外来人员、参观人员、购猪人员等，坐在监控室内就可看到养猪场全部猪的情况，甚至通过上网就可通过远程系统实时看到养猪场视频实况，了解养猪场各种情况，同时还有利于防疫。

四、计数作用

原来记精子数量、密度、活力需要用肉眼在显微镜下观察，既费力又不准确，如今在目镜上安装摄像头，就可通过彩色显示器显示出来，既准确又方便，利于生产，提高工作效率。

五、便于生产管理

通过监控系统，猪只跳栏、咬架、咬尾、践踏以及个别病猪的离群独居都可得到有效监控，从而采取及时措施处置。此外，还可以起到对母猪发情的监控、配种监控、分娩监控、仔猪状态监控、环境监控，以及防盗安全监控的全方位的作用（图8.2）。

图8.2　监控配合瞭望台

第九章　规模化养猪场疫病的防控

第一节　规模化养猪场猪病综合防治

一、规模化养猪场疫病流行的特点

（1）规模化养猪场生产规模大、猪只数量多，疫病传播流行的速度增快。

（2）规模化养猪场实行高密度大群饲养，使猪只彼此间距离变小，那些在传统养猪业中不易流行的疫病常常暴发流行。

（3）实行分段式饲养的工艺流程。猪只流动性增加，疫病传播的可能性和速度也增快了。

（4）我国良种繁育体系滞后，种猪场健康水平不高。种群来源不固定，疫病的传播越来越多。

（5）由于条件的限制，许多养猪场做不到全进全出，使病原微生物在猪群中持续传播。

（6）猪舍内环境条件达不到要求，极易损害猪的健康，降低其抗病力。

（7）饲料供应不能满足需要，使得一些非传染性疾病和一些条件性病原体所致疫病极易发生与流行。

（8）猪的应激性增高，使得那些敏感猪的内分泌异常，抗病力下降。

（9）规模化养猪场污染物不能实行无害化处理，会成为有害生物的滋生地、栖息地，给防疫带来了无穷的隐患。

（10）规模化养猪场技术人才短缺，特别是兽医技术人员，使得疫病综合防治技术落后。

二、传染病对养猪业的危害

据流行病学调查资料表明：当前我国养猪场中猪的死亡率平均为10%，其中传染性疾病致死约占80%。传染病还带来严重的间接损失，例如公猪不育、母猪不孕、早产、死产、生长发育减缓、料肉比例失调、医药费用增加、猪肉品质下降等。

三、猪传染病的分类

1. 条件性病原引起的常见病

如仔猪黄痢、白痢，轮状病毒，链球菌、葡萄球菌，副伤寒等。

2. 隐性或慢性感染的常在病

如传染性胸膜肺炎、气喘病、细小病毒、乙型脑炎、萎缩性鼻炎等。

3. 多系统消耗综合征

如衣原体病、附红细胞病等。

4. 外源性、急性感染的流行病

如猪瘟、口蹄疫、伪狂犬病、繁殖与呼吸综合征、流行性感冒、流行性腹泻、传染性胃肠炎等。

四、传染病发生的基本规律

（1）传染病是指由病原微生物引起的，具有一定潜伏期和临诊表现，并具有传染性的疾病。对传染病要坚持预防为主、防重于治的原则，重点提高猪群整体健康水平，防止外来疫病传入猪群，控制与净化已有疫病。

（2）任何一种疫病的发生与流行都是致病因子、环境因子和宿主因子三者共同作用的结果。

（3）针对传染病流行过程的三个基本条件（传染源、传播途径、易感动物）及其相互关系，采取消灭传染源、切断传播途径、提高猪只群体抗病力的综合防疫措施（图9.1）。

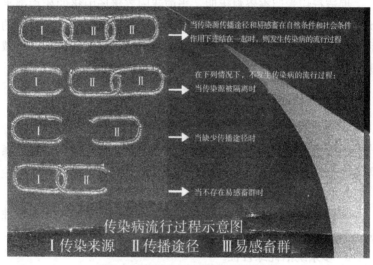

图9.1　传染病流行过程的三个基本环节

传染源——被感染的动物、病猪和病死猪的尸体、病原的携带者。

传播途径——直接接触传播、间接接触传播。

易感猪群——猪群的内在因素（遗传、体质）、猪群的外在因素（环境条件）、猪群的特异免疫状态（免疫接种）。

五、综合防治的基本原则

1. 坚持预防为主，防重于治的原则

重点提高猪群整体健康水平，防止外部疫病传入猪只、控制与净化已有的疫病。实施彻底正确的"早、快、严、小"的扑灭传染病措施。

◆ 知识链接

祖国兽医学的防病经验（经典语）

（1）不治已病治未病，治未病用功少成功多，事半功倍；治已病，用功多成功少，生死各半。

（2）上医治未病，下医治已病，中医治欲病之病。

（3）未病先防，已病防变，病愈防复。

（4）急则治标，缓则治本，半急半缓标本兼治。

（5）正气内存，邪不可干，邪之所奏，其气必虚。扶正祛邪，乃医道之根本。

2. 消灭传染源

传染源主要是指病原能在其中繁殖并被排出体外的动物机体和其他生物媒体如鸟类、昆虫、猫、鼠等。有些养猪场安装防鸟网，防止鸟类成为传染源，见图9.2。

图9.2　猪舍防鸟网

要消灭传染源，必须做到：

（1）病猪和病死猪的尸体必须做好相关处理。做好粪便的堆积发酵工作。

（2）对于患病动物和带毒（菌、虫）动物主要采取隔离、尽早诊断、治疗和淘汰的措施，并与定期和临时性对圈舍消毒等措施相结合。

杜绝外来传染源的进入，包括谨慎引种，把好检疫关，尤其要检疫隐性感染猪。引进的猪观察一个月后，确属健康，方可混群饲养。

3. 切断传播途径

传播途径是指病原体从某一传染源到达另一易感动物所经过的途径或方式。

传播途径分为直接接触、间接接触。

（1）直接接触传播：指动物经过交配、啃咬而传播。

（2）间接接触传播：大多数传染病则以间接接触为主。包括：

1）空气（飞沫、尘埃）传播：如通过空气、飞沫传播。

2）污染的饲料和饮水传播：如土壤、污染的饲料和饮水。

3）用具传播：通过人员往来、交通工具而传播。

4）活的媒介传播：通过昆虫的叮咬或啮齿动物活动而传播，如猪乙型脑炎。

4. 保护易感染动物（降低动物的易感性）

所谓易感染性是指动物对某种疾病病原的敏感性，这取决于动物本身。

（1）选育抗病性强的猪品种（品系），使猪获得天然免疫力。

（2）加强免疫接种是贯彻"防重于治"的重要措施，对发病急、死亡率高的烈性传染病和尚未有有效治疗药物的疾病，尤其是病毒病是必须的，如猪瘟、口蹄疫、伪狂犬病等。

（3）改善饲养管理，对于仔猪重点抓好保温关，防止受冷而发生冻死、压死或者继发大肠杆菌病等。

六、免疫与疫病监测

1. 免疫接种

使用疫苗等各种生物制剂，在平时对猪群有计划地进行预防接种，以提高猪群对相应疫病的特异抵抗力，是规模化养猪场综合性防疫体系中一个极为重要的环节。

2. 检疫与疫病的监测

检疫主要是对猪群健康状况定期检查，监测各类疫情和防疫措施的效果，对猪群健康水平的综合评估，进行疫病发生的危险度的预测预报。

疫病的检测监控重点是对主要传染病的抗体水平监测。通过检测，以评价免疫质量，制定免疫程序，发现潜伏和隐性感染者，评估疫病防治效果（图9.3）。

PCR检测仪、酶标仪

高效气相色谱仪

高效液相色谱仪

近红外饲料品质分析仪

图9.3　做好疾病监测

3. 日常诊疗与疫情扑灭

对常见多发性传染病，应及时组织力量进行治疗和控制，对恶性传染病应及时封场扑灭。

4. 规范养猪场免疫

在我国免疫密度普遍较高的情况下，免疫效果仍不尽如人意，猪瘟免疫合格率仍不高。尤其是养殖规模较小的养殖户，猪瘟的发生和流行更为严重。在一些小型养殖场，往往注重继发或并发的其他疾病的治疗，而忽视了原发猪瘟的防治。

2003年2月至2004年7月，据农科院对来自河南各地和山西、安徽等省的1 043份送检血样，应用猪瘟抗体正向间接血凝诊断液进行抗体检测，以抗体效价达1∶32者为免疫合格，在1∶32以下者为免疫不合格。

初产母猪抗体水平普遍较低，离散度大，个体间差异大，与经产母猪相比，每胎相差1个滴度。

经产母猪随胎次的增加和每年2次的猪瘟疫苗免疫，其抗体水平也相应提高，4胎以上抗体水平高且稳定。

无论母猪抗体高低，所产仔猪吃初乳前的抗体水平均为0，采食初乳后，仔猪的母源抗体水平迅速提高，且与母猪抗体水平呈正相关，7天时达到高峰，其抗体水平与母猪抗体水平相当。

随后仔猪的母源抗体水平迅速下降，抗体效价越高下降越快，抗体效价低的其下降相对较慢，至28天差异较小。

猪场由于传染病引起的猪只死亡有40%~50%都与猪瘟或与猪瘟的混合感染有关。依靠购买仔猪的肥猪养殖户，猪瘟造成的损失更为严重。

七、规模化养猪场免疫的22个细节

1. 加强饲养管理，提高机体抗病能力

健康状况良好、体格健壮、发育良好的猪群在免疫时能产生

更强的免疫力。

按照合理的密度，在温度、湿度、光照和空气质量等方面，创造一个良好的饲养环境，提高猪群的整体健康水平。

应采取尽可能严格的生物安全措施，坚持自繁自养，对生产区要采取严格的卫生消毒、隔离和检疫措施。

以下因素均可降低免疫应答能力，引起免疫失败。

△猪群正在发病（如发烧、拉稀）；

△体质虚弱；

△营养不良；

△维生素或微量元素缺乏；

△患有慢性病或寄生虫病；

△受到其他应激因素的影响。

2. 严格控制使用疫苗的质量

疫苗本身的质量直接关系到免疫的质量。国家定点专业生物制品厂的疫苗一般质量可靠。应采购国家批准生产和进口的疫苗。

我国核定的猪瘟免疫量为每头份 150 个兔体反应单位，国外的核定标准为 400 个兔体反应单位。因此，在我国使用 1 头份的猪瘟免疫量显然是不够的。尤其是在我国养猪场猪瘟都有不同程度流行的情况下，更难保证免疫合格。

3. 控制疫苗运输、储存方法

严格按照疫苗的说明进行运输、储存、销售。

猪用疫苗大致可分为冻干苗和液体苗。冻干苗随保存温度的升高保存时间相应缩短：

-15℃以下时保存时间多在一年；

4~8℃时保存时间仅有 6 个月左右；

8~25℃有效期仅为 10 天；

当温度更高时其保存期还会大大缩短。

目前普遍使用的猪瘟细胞苗尚达不到在常温下保存的水平，疫苗必须在低温下保存。冻干活疫苗的运输要有冷藏设备。应在运输、储存设备完善的单位购买，严禁疫苗的反复冻融，以免造成疫苗效价降低或影响疫苗的真空度。

液体疫苗又分油佐剂和水剂苗，适宜的储存方法是在 4~8℃条件下冷藏。这类疫苗切忌冻结。

4. 使用猪瘟脾淋疫苗

国内已有猪瘟脾淋毒耐热保护剂活疫苗，每头份含有 600~750 个兔体反应单位，相当于细胞苗 4~5 头份。

耐热保护剂使该疫苗在 2~8℃ 保存两年；37℃ 保存 10 天；用专用稀释液稀释的疫苗在 37℃ 环境中放置 8h，其效价仍符合产品质量标准；免疫后抗体效价比细胞苗高 1~2 个滴度。

5. 采用正确的疫苗使用方法

有了质量良好的疫苗和科学合理的免疫程序，保证疫苗的注射质量是免疫成功的关键。

免疫接种应按照以下操作规程：

免疫接种应指定专人负责，包括制定免疫程序，采购和储存疫苗，调配和安排工作人员。根据免疫程序要求，有条不紊地开展工作。

疫苗需专人负责保管，不同种类、不同批次的疫苗按温度要求分类保存。

6. 有病猪只暂不接种

免疫前应检查了解猪群的健康状况，对于精神不良、食欲欠佳、呼吸困难、腹泻或便秘的猪只暂不能接种。

疫苗使用前要逐瓶检查。

7. 不合格疫苗不能使用

△苗瓶有无破损，封口是否严密；

△标签是否完整；

△有效期、使用方法、头份是否记载清楚；

△要有生产厂家、批准文号和检验号等以便备查，避免伪劣产品。

8. 兽医、防疫员要认真操作

免疫接种工作必须由兽医、防疫人员执行，接种前要对注射器、针头、镊子等器械进行清洗和蒸汽消毒。备有足够的酒精棉球、稀释液、记录本和肾上腺素等抗过敏药物。

使用时需注意的是：

△冻干苗是否失真空；

△油佐剂苗是否破乳；

△疫苗有无变质和长霉等。

9. 免疫前、后对猪只认真检查巡视

对哺乳仔猪、保育猪进行免疫时，需要饲养员协助，做到轻抓轻放。接种时动作快捷、熟练。尽量减少应激。

应按照说明书和免疫程序的要求进行。种猪和紧急免疫接种要求一只猪换一个针头。

免疫接种应安排在猪群喂料以前空腹时进行。

免疫接种后2h内要有人巡视检查，遇有过敏反应的猪立即用肾上腺素等抗过敏药物抢救。

10. 注意疫苗使用时的失效时间

猪瘟疫苗稀释后的效价下降速度很快，气温在10~30℃时，3h即可能失效。因此应严格按照操作规程和疫苗所要求的方法进行稀释。稀释后应按规定的方法保存、在规定时间内用完。

用前稀释液应置于4~8℃冰箱预冷；使用时放于有冰块的保温箱内，并在1~2h用完。

11. 提高免疫注射的质量和密度

保证疫苗注射剂量的准确和注射的密度。免疫注射前应对免疫器械、针头进行蒸汽消毒。每头猪一个针头，严禁一个针头打到底，这一点尤其是在疫病流行初期进行紧急接种时更为重要，否则会造成人为传染。猪瘟病毒在猪体内具有优势株选择现象，传染的病毒会造成强毒增殖而疫苗毒不增殖，防疫变成了带毒传播，引起注射猪瘟疫苗后暴发猪瘟。

12. 注射部位和针头不用碘酊消毒

严禁用碘酊或其他消毒液消毒针头，用碘酊在注射部位消毒后必须用棉球擦干。严禁用大号针头注射和打飞针，以免造成疫苗灭活或注射量无保证。接种部位重复，可引起局部肌肉坏死，多次在同一部位接种疫苗，不易吸收，导致免疫失败。严禁注射动作粗暴，增加应激，影响免疫效果。防疫密度要达到，不能漏防。

13. 使用活菌苗免疫前后不得使用抗菌药物

使用活菌苗免疫前 3 天后 7 天内不得使用抗菌药物，主要有猪丹毒、肺疫、仔猪副伤寒、链球菌及猪喘气病活疫苗。防止注射疫苗后的不良反应，急性过敏反应可用肾上腺素解救。免疫接种技术要规范，做好接种前猪群健康检查，及时剔除病猪和可疑病猪，避免带来人为传播。

14. 选择性地使用疫苗

（1）种猪必须预防的疫病：猪瘟、口蹄疫、猪伪狂犬病、猪乙型脑炎、猪细小病毒病等。

（2）可选择性预防的疫病：主要有猪蓝耳病、副猪嗜血杆菌病、副伤寒、猪大肠杆菌病、仔猪红痢、猪链球菌病、萎缩性鼻炎、气喘病、传染性胃肠炎、流行性腹泻、衣原体病、传染性胸膜肺炎等。

15. 采用合理的免疫程序

免疫程序根据规模养猪场的生产特点，按照各种疫苗的免疫特性，合理地制定预防接种的次数、剂量，间隔时间，这就是免疫程序。

目前在国内外尚没有一个可供共同使用的免疫程序。最好的办法是通过对猪群的猪瘟状况不断调查后，制定一个符合本场的猪瘟免疫程序。

凡做过较好免疫的母猪，其新生仔猪可通过初乳获得母源性中和抗体，使猪获得被动性免疫。

猪瘟母源抗体可保护仔猪到 4 周龄，伪狂犬母源抗体可保护仔猪到 6~8 周龄。在仔猪 3~5 日龄时，其猪瘟母源抗体的中和效价为 1:64~1:128，具有很强的免疫力；20~25 日龄时抗体中和效价为 1:32 以上，保护率为 75%，能耐受猪瘟强毒攻击；30日龄，抗体中和效价降到 1:16 以下，无保护力；60 日龄时，仔猪血清中已无母源抗体。因此，猪瘟免疫程序应在 25~28 日龄首免，用细胞苗 3 头份或猪瘟淋脾毒组织苗 1 头份/每头猪。60~65 日龄二免，细胞苗 4 头份或组织苗 1 头份/每头猪。受该病威胁的场，可在此基础上增加仔猪超前免疫一次，用细胞苗 2头份或组织苗 1 头份。母猪在产后 25~30 天进行猪瘟免疫。种公猪每年春、秋两季各免疫一次，用细胞苗 5 头份或组织苗 1 头份。

16. 选用疫苗的观念要更新

有些老病如猪肺疫、猪丹毒、副伤寒等已经很少发生了，应从免疫程序中删除。

免疫接种的日龄不能随心所欲，也不能生搬硬套，如超前免疫目前认为只适用于猪瘟、伪狂犬病等。

有些疫苗一次免疫效果不佳，若经两次以上重复接种，可提高免疫力，达到加强免疫的目的，如口蹄疫、伪狂犬病、乙型脑炎等。

17. 免疫并非是防病的保险箱

要认识到免疫接种仅是疾病综合防控过程中的一个环节，接种过疫苗的猪并非进入免于疾病发生的保险箱。因此在接种的同时要结合使用消灭传染源、切断传播途径等综合防治措施。

18. 规范使用抗菌药物

某些抗菌药物对机体 B 淋巴细胞的增殖有一定抑制作用，能影响病毒疫苗的免疫效果，尤其是在免疫前后不规范地使用这些药物，可导致机体白细胞减少，从而影响免疫应答。这类药包括痢特灵、卡那霉素和磺胺类、氟苯尼考、病毒唑等。

19. 严禁使用发霉变质饲料

霉变饲料含有各种霉菌毒素，毒素可引起肝细胞的变性坏死、淋巴结出血、水肿，严重破坏机体的免疫器官，造成机体的免疫抑制。

2003 年、2005 年河南省大部分地区秋收季节阴雨连绵达 60 天之久，造成大量玉米不同程度霉变。在这两年的检验中发现大多经产母猪猪瘟抗体水平很高，而保育猪和育肥猪总是免疫不合格。玉米霉变是造成猪瘟免疫失败的一个重要原因。

20. 预防和控制免疫抑制性疾病

近年来，猪的免疫抑制性疾病呈上升趋势，猪的繁殖与呼吸障碍综合征、伪狂犬病、圆环病毒Ⅱ型、喘气病等，这些疾病的发生都会破坏免疫器官，呈现不同程度的免疫抑制，免疫应答能力减弱，同样造成猪瘟的免疫失败。

在生产中，经常遇到猪呼吸道病和仔猪拉稀病非常难解决，死亡率很高，同样与上述疾病在关。

因此，生产中应按照免疫程序加强这些疾病的预防和控制。

21. 开展免疫监测，淘汰亚临床感染猪

猪瘟免疫监测的重点应放在母源抗体水平、免疫应答效果、亚临床感染和疫苗效价的监测上。

在产仔季节，在防疫高峰期后一个月内，随机采取免疫猪血清做抗体监测，如总保护率在 50% 以下，显示免疫无效。同时根据抗体的分布，分析是否存在亚临床感染。制定出适合于本场的

合理的免疫程序。

另外，造成猪瘟持续性感染的根源还在于母猪带毒，即妊娠母猪自然感染低毒力或中等毒力的病毒后能引起潜伏性感染。

据报道，对我国 13 个省、市的 29 个大、中型养猪场的 21 014头种猪进行病毒检测，结果 29 个养猪场均存在母猪带毒问题，只是严重程度不同，最高的阳性比例达 30.70%，最低为 4.40%，总计阳性猪 2 336 头，平均阳性带毒率为 11.12%。带毒母猪通过垂直和水平传播，造成持续感染。发病率高不仅造成养猪困难，猪也有困惑感，如图 9.4、图 9.5 为猪困惑的眼神。

图 9.4 猪病死率高，猪也有迷茫无奈的眼神表情

图 9.5 危重病猪迷茫和痛苦的眼神

带毒母猪妊娠后猪瘟病毒通过胎盘感染胎儿造成垂直传播，带毒公猪也可通过精液传染母猪，也可传播给仔猪。

这种先天性感染经常导致母猪流产，产死胎、木乃伊胎或弱仔和震颤猪。弱仔在出生后不久即死亡。有的产下时貌似健康而实质上却是持续性感染的仔猪。这些似乎健康的先天性感染仔猪的危险性是极大的，因为这些仔猪可在长达数月之内不表现症状，也检不出猪瘟抗体，但是却会排出大量的猪瘟病毒，污染环境，感染其他猪只。

如先天感染猪瘟的仔猪作为种猪培养就会形成新的带毒种猪群。这样会造成垂直传播和水平传播在一个养猪场反复、交替进行，形成猪瘟感染的恶性循环链。

22. 血样采集与送检

一个养猪场除进行猪瘟抗体的定期检测之外，还要对猪瘟发病较严重的养猪场，进行种猪的带毒检测，进行种猪群的猪瘟控制与净化。临床常用试剂盒进行血清学诊断。

血清学诊断，又称免疫学诊断，是应用免疫学原理（即抗原抗体反应原理）进行疫病监测、诊断。常用的有间接血球凝集试验（IHA）、酶联免疫吸附试验（ELISA）、免疫荧光试验（IFA）等。

（1）送检血清注意事项：明确送检目的是抗体的监测还是疫病的诊断。抗体的监测把各阶段的猪只随机有代表性地采血即可。疾病的诊断，一般采集发病猪只的血样。但为便于结果的分析比较，健康猪只也要抽检几份便于结果的分析。血清学诊断疾病感染的检测对于血清样品有一定的要求，恰当选样有助于结果的诊断。

弓形虫，一般母猪为合适的送检样本，因为其感染率较高。但对于蓝耳病，6~8周龄的断奶仔猪血样检出率较高。

对于送检血清的背景一定要清楚，比如疫苗的注射情况、发病猪只的剖检情况、用药情况，这样便于有针对性地进行检测和结果分析。

采血量3~5mL即可满足常规血清学化验的需要。利用一次性注射器采血后要使注射器内留有一定的空隙便于析出血清，减少不必要的浪费。采血后把血样置室温2h或37℃温箱1h，以利于血液的凝固，析出血清。有条件的单位可自己分离出血清送检，以减少红细胞的破裂溶血。血清低温送往实验室，最好在3天以内送检，以防止血清抗体效价的降低，导致诊断误差的出现。

（2）血样的采集方法：

1）前腔静脉采血：可采用站立保定或仰卧保定的方法。猪只在站立时，颈静脉沟的末端刚好处于胸腔入口处前方所形成的凹陷处，将针从此凹陷处向对侧肩关节顶端方向刺入 2~3cm，很容易采到血液。断奶仔猪、育肥猪常采用这种方法。

2）耳静脉采血：对于母猪，可采用耳静脉的采血方法。可用橡皮带扎住耳根部以扩张血管。

（3）血样送检过程中应注意的问题：采血量适中。一次性注射器采血后预留一些空间，便于血液凝固后分离血清。采血后及时采取措施促进血液的凝固。血液放置时间不宜过长，避免血液腐败。全血不宜冷冻，避免溶血。避免检测误差，延误诊断时机。

第二节　十六种重要猪病的防治对策

一、猪瘟的防治对策

猪瘟（HC）作为一种烈性传染病，在各养猪场受到足够重视，将其作为常规免疫程序认真执行，有效地控制了猪瘟的发生。但近几年由于免疫抑制性疾病的广泛感染，使得猪瘟发生普遍且呈上升趋势。

（一）猪瘟发生和流行的特点

猪瘟具有高度接触传染性，发病率和死亡率高，危害极大。目前 HC 流行中，除典型的病例外，多为温和型和持续性隐性感染。病程由急性变为慢性，症状显著减轻，发病率不高，病势较缓和，死亡率低。仔猪死亡率较高，成年猪较轻或可耐过，病理变化也不典型。由于病毒毒力较低，出现持续性感染（亚临床隐性感染），胎盘垂直感染（仔猪先天性震颤），妊娠母猪带毒综合征服（母猪繁殖障碍）及新生仔猪的免疫耐受。带毒病猪的存在成为 HC 发生的祸根，尤其是亚洲 I 型临床隐性感染猪危害极大。依靠常规方法很难剔除此类病猪，从而给 HC 防治工作带来困难。而且出现过这些情况的养猪场又往往伴随着多种原因引起的免疫失败，严重威胁着养猪业的健康发展。其具体特点为：

1. 散发流行

长期坚持实行的免疫预防为主的 HC 防治策略起到了决定性作用，有效控制了我国 HC 的急性发生和大流行。目前 HC 流行形式转变为地区性散发流行，疫点显著减少，强度较轻；发病无季节性，主要取决于免疫状态和管理水平。

2. 发病年龄小

三月龄以下最常见，特别是断奶前后和出生 10 天内的仔猪多见。而育肥猪和种猪很少发病。

3. 发病温和、病程长

非典型 HC 是我国的常见病型，而死亡率高、病程短、病理变化典型的 HC 比较少见。

4. 持续性感染（亚临床隐性感染）

持续性感染是繁殖母猪发生 HC 的主要形式。感染母猪具有一定的抵抗力，不表现症状，但是却不断向外排毒或通过胎盘感染胎儿。妊娠母猪可发生流产、死胎和产弱仔等繁殖障碍。

5. 胎盘感染和免疫耐受

这是仔猪 HC 发生的重要原因。胎儿通过胎盘感染了来自母源的 HCV，并且出生后可死于先天性震颤。有的因先天感染产生了免疫耐受而不表现临床症状，但对日后的免疫接种却不产生免疫应答，当环境变化时可发生 HC。此外，不发病的感染猪也可向外界排毒成为传染源，场内其他仔猪也可因母源抗体下降时感染 HCV 而发病，这是目前规模养猪场自发 HC 的主要原因。

6. 免疫力低下

大部分养猪场给猪注射了 HC 疫苗，但仍有免疫猪发生 HC，说明免疫注射并没有产生有效的保护，机体仍然免疫力低下，不足以抵抗感染。出现这种情况的原因有三个：一是免疫有效剂量不足。二是持续性感染（亚临床隐性感染）和胎盘感染引起了免疫耐受。三是某些因素导致的免疫抑制。

7. 混合感染和并发症

由于 HC 的隐性感染，仔猪先天性免疫耐受，对抗原的免疫应答低下，造成 HC 与猪丹毒、肺疫、伪狂犬病、蓝耳病、弓形虫等混合感染。病情复杂，症状严重，病死率高。

（二）规模猪场发生猪瘟的临床表现

以轻型、慢性非典型经过为主，并伴发母猪繁殖障碍综合征的 HC 已经成为猪场 HC 发生和流行的主要态势。

（1）抗体水平低下的母猪在妊娠期间感染 HC 时多呈现亚临床经过，母猪无可见或不易察觉的一过性症状，但在 HCV 血症期间，HCV 通过胎盘感染胎儿，引起流产、死胎、木乃伊胎、畸形胎及弱仔，新生仔猪先天性震颤和带毒仔猪的生长发育滞后和死亡等。

（2）胎内感染的新生仔猪出生后 10~24h 发病，体温 40~41℃，稽留不退，委顿、竖毛、全身或局部肌肉震颤，共济失调、腿外翻、关节肿大，耳、尾及腹部皮肤发绀，有蓝紫色斑点，腹泻、呕吐，腹股沟淋巴结肿大发紫，陆续死亡。

（3）出生后十多天内生长发育正常，之后开始发病，表现为发热、腹泻和呼吸道症状，可能在产房中整窝发病，病猪多数死亡，少数成为僵猪。

（4）断奶前后发病的为 HCV 隐性携带，病猪消瘦、毛松、间有腹泻，采食量降低等，部分病猪体温时高时低，病猪慢慢死亡或形成僵猪。

（5）剖检典型症状如图 9.6~图 9.10 所示。

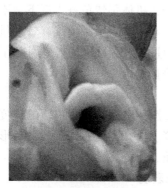

图 9.6　猪瘟咽喉出血

图 9.7　猪瘟淋巴结肿大

图 9.8　猪瘟肾脏出血点

图 9.9　猪瘟膀胱出血点

图 9.10　猪瘟脾梗死

（6）保育舍仔猪发生 HC，很有可能是超前免疫后未补免造成的；也有可能是未有效的注射疫苗造成的；也有的是母猪垂直感染仔猪，仔猪带毒到保育舍才发病的。

（7）育肥猪发生 HC 多出现与蓝耳病、伪狂犬病、弓形虫等混合感染。如发生呼吸道综合征时，部分病猪的肾脏和扁桃体通过猪瘟荧光抗体检查（HCFA），确定猪瘟抗原的存在，但病猪仅表现出呼吸道症状。

（三）猪瘟的诊断与防治措施

1. 诊断

（1）猪瘟间接血凝实验（IHA）。

（2）猪瘟荧光抗体检查（HCFA）。

（3）兔体交叉免疫实验。

（4）猪瘟单克隆抗体（ELSIA）诊断。

2. 防治措施

（1）做好免疫注射：

1）猪瘟阴性养猪场：仔猪 60 日免疫 5 头份细胞苗或 1 头份脾淋组织苗，可维持至出栏。种猪 1 年 2 次，每次 5 头份。

2）猪瘟阳性养猪场：仔猪 20 日（母源抗体在 1∶32 以上）免疫 4 头份细胞苗，60 日免疫 5 头份细胞苗或 1 头份脾淋组织苗。种猪 1 年 2 次，每次 4 头份细胞苗或 1.5 头份脾淋组织苗。

3）对曾经发生严重猪瘟的养猪场：仔猪出生后立即注射 2 头份猪瘟细胞苗，至仔猪 60 日再免疫 4 头份，可维持出栏。种猪 1 年 2 次，每次 4 头份细胞苗。

4）为确保免疫效果，建议使用单苗，脾淋组织苗优于细胞苗。

5）免疫前后 5 天禁止使用抗病毒类化疗药。

（2）重视免疫学监测：进行免疫监测，就是定期从免疫猪群中抽检注苗猪的抗体是否达到免疫保护水平。这样既可评估猪群的整体免疫状态，又可制定符合该场的最佳免疫程序。对注射疫苗后抗体水平达不到 1∶64 以上的猪只应该补免，如果补免后抗体水平仍然达不到要求，可疑为免疫抑制或免疫耐受，要坚决淘汰。同时要进一步检查种猪，坚决淘汰 HC 带毒母猪是猪场控制和净化 HC 的重要措施之一。

（3）加强生物安全控制，尽量减少传播媒介：加强养猪场内卫生工作，切实做好消毒、隔离、周转、检疫、病死猪处理、灭蚊蝇、灭鼠等工作。

二、蓝耳病的防治对策

猪繁殖与呼吸综合征（PRRS）俗称"蓝耳病"，是由 PRRSV 引起的以母猪繁殖障碍和各种年龄猪只（尤其是仔猪）呼吸道症状为特征的一种传染病。目前此病已成为全球规模化养猪场的主要疾病之一，也是全球猪病控制上的一大难题。蓝耳病 1995 年在我国首次暴发，1996～1999 年在我国各大养猪场引起了"流行风暴"，表现为妊娠母猪晚期流产，产弱仔、死胎、木乃伊胎；哺乳仔猪和保育仔猪高死亡率，造成了极大损失，成为我国养猪生产中主要的繁殖障碍性疾病。近几年来，蓝耳病的流行形式和危害程度等也发生了变化，目前的流行特点主要表现在以下几个方面。

（一）规模养猪场 PRRS 的发生特点

1. 感染率高

PRRS 在我国各地养猪场中感染率很高，大致在 20%～90%，但各地的感染率存在差异，差异的大小取决于养猪场的饲养管理水平、种猪来源和卫生状况。

2. 持续感染与隐性感染

目前 PRRS 在猪场的持续性感染是该病在流行病学上的一个重要特征。日龄大的猪只和种猪向外排毒但不会表现出临床症状。

3. PRRS 感染后临床表现多样化

由于 PRRS 引起肺脏巨噬细胞损伤，给许多条件性致病因子创造了可乘之机。主要表现为断奶仔猪传染性胸膜肺炎、链球菌病、附红细胞体病、副猪嗜血杆菌病、喘气病等发病率明显增高。种猪带毒和母猪发情障碍及管理水平低、卫生条件差的猪场零星发生母猪流产、滞后产。育肥和种猪在 PRRS 与其他病原（如 PCV-2、PRV、PPV、HCV、链球菌、附红体、副猪嗜血杆菌、支原体）并发或继发感染情况下表现明显的呼吸道症状和高死亡率。

4. 混合感染日益严重

PRRS 与 PRV、PPV、HCV、弓形虫等同时发生，特别是在 PCV-2 同时存在的情况下，猪群的健康水平大大下降，对很多疾病的易感性增高，使规模养猪场的猪只越来越难养。

5. 免疫抑制，影响其他疫苗免疫效果

PRRS 的早期感染对免疫功能的抑制比较明显。已有实验证明，感染 PRRS 猪只对猪瘟疫苗的应答力明显降低。PRRS 也会干扰支原体疫苗的免疫效果，尤其是与 PCV-2 同时感染，更加重了免疫功能的损害。

6. 传染方式及媒介多种多样，不易控制

接触传播，空气传播；感染猪的流动传播，精液传播；胎盘传播，飞鸟、野生动物等均可传播 PRRS。

（二）蓝耳病的临床表现

1. 阴性养猪场发生 PRRS 时的表现

（1）种母猪：主要表现为精神沉郁、嗜睡、食欲减少、渐进性厌食至废绝，咳嗽、不同程度的呼吸困难，间情期延长。妊娠母猪发生早产、延迟分娩、产死胎、胎儿脐带发黑、木乃伊胎、弱仔等（图 9.11）。头两胎母猪在妊娠后期（100 天）出现

死产。部分新生仔猪出现呼吸困难、轻瘫、运动失调等症，一周内死亡率明显增高，少数母猪在分娩前后一过性的低热，双耳、肢侧、外阴皮肤青紫色。

图9.11　猪蓝耳病引起的母猪流产

（2）仔猪：产房内仔猪最易感，症状典型，体温40℃以上，呼吸困难、食欲废绝、眼睑水肿、腹泻、共济失调、肌肉震颤、虚弱，有的呈"八"字形呆立，有的仔猪用鼻盘、口端摩擦圈舍壁栏，有的仔猪皮肤耳部、外阴、腹部、口鼻等部位皮肤发紫，但只有数小时或数天，死亡率90%左右。

（3）断奶生长猪：刚断奶仔猪发生继发感染的可能性很高。继发的病原有嗜血杆菌、链球菌、霍乱沙门菌、多杀性巴氏杆菌、胸膜肺炎放线杆菌、HCV、PRV、PCV-2，症状复杂，死亡率大大增加。

（4）种公猪：持续性感染和隐性感染，发病率低，表现为厌食，瞌睡，消瘦，无明显发热，精子活力下降。少数公猪出现双耳或体表皮肤发绀（图9.12）。

图9.12　猪蓝耳病耳朵病变

2. 阳性养猪场发生 PRRS 时的表现　从近几年发生过 PRRS 的猪场来看，PRRS 主要是以与其他病原体并发或继发感染为特征。

（1）猪瘟是 PRRS 发生后的首要继发感染病原，引起猪只死亡率明显升高。由于猪场 HC 持续感染和隐性感染普遍存在，在 PRRSV 早期感染的情况下，抑制了 HC 的免疫，故大凡养猪场发生 PRRS 后 HC 往往首先暴发，养猪场母猪的繁殖障碍，仔猪的高死亡和育肥猪的呼吸道病大大增加，且发展快，死亡率高。

（2）PRRSV 与 PCV-2 混合感染导致 5~13 周龄猪只大批死

亡。近几年许多养猪场发生了仔猪断奶后 2 到 6 周出现以呼吸困难、进行性消瘦、发热、黄疸、高死亡率为特征的疾病。发病规律为：5~6 周龄开始发病，8 周龄为发病高峰，9 周龄为死亡高峰，保育结束时基本停止。生长舍即使有症状，一般也无新病例出现。病变特征为间质性肺炎，全身淋巴结肿大，皮下脂肪耗竭，黄疸病猪肝脏病变明显，经检测为 PRRSV 与 PCV-2 混合感染。

（3）继发多种气源性细菌感染。生长中后期猪只呼吸系统疾病发生率明显增高。

（三）发生 PRRS 的养猪场控制对策

1. 快速准确诊断

（1）临床疑似症状：母猪发生流产、死胎、产弱仔、木乃伊胎和明显的呼吸道症状；哺乳仔猪的呼吸困难和高度的死亡率（80%~90%）；青年猪轻度症状。荷兰提出三个临诊指标：怀孕母猪感染后症状明显，至少出现80%以上的母猪流产，20%以上的胎儿死产和26%以上的哺乳仔猪死亡。上述三个指标中只要有两个符合时即可认为本病成立。

（2）抗体检测：

1）免疫过氧化物酶单层细胞实验（IPMA）。

2）间接荧光抗体实验（IFA）。

3）血清中和实验（SN）。

4）酶联免疫吸附实验（ELISA）。

2. 预防和控制措施

目前 PRRS 尚无特效的治疗方法，提高机体免疫力和控制继发感染是有效预防和控制 PRRS 的关键。

（1）引种安全。尽量减少每年的引种量，确需引种的做好隔离检疫工作。若本场或本地区为 PRRS 高发区，建议从较远的养猪场引种。

（2）坚持自繁自养，做好免疫注射。血清学阴性猪和后备母猪使用灭活苗，可以产生免疫力保护仔猪至断奶不发病，并将暴发时间推迟到保育结束。阳性养猪场可对后备猪配种前免疫进口活苗 2 次，间隔 40~50 天。

（3）PRRSV 检测。对保育猪和育肥猪进行血清学检测，监测是否有野毒侵入，以确定是否有必要对保育猪、育肥猪及后备猪接种疫苗，并确定疫苗的种类，时间间隔等。

（4）全进全出。至少做到产房和保育阶段全进全出。

（5）加强生物安全。做好灭蝇、灭蚊、灭鼠工作；防止飞鸟、野生动物进入；加强对场区、猪舍内的消毒，加强对舍内空气，排泄物及粪场的消毒。

3. 发生 PRRS 时的控制措施

目前 PRRS 尚无特效的治疗方法，提高机体抗病力和控制继发感染、缓解症状是有效控制 PRRS 的关键。

（1）隔离病猪，减少疾病蔓延。同时用弱毒苗紧急接种。

（2）对病猪进行对症治疗，减少死亡。

1）对病猪补充能量饲料。

2）对腹泻病猪补充电解质，同时注射蟾毒咳痢停。

3）对呼吸道症状明显的病猪投喂治疗药物。

4）宰杀病后康复老母猪，分离血清给仔猪注射。

（3）及时清洗和消毒猪舍和环境，特别是对流产的胎衣、死胎、死猪要严格无害化处理，产房彻底消毒。

（4）对发病猪群周围的猪群采取相应的措施，同时防止人员串舍。

（5）改善饲养管理，精心呵护：

1）推迟补铁，阉割，减少应激。对生长不良者淘汰。

2）发病期间不交叉寄养，不混群并群。

3）用大盆接分娩母猪的胎衣和羊水，及时掩埋。

4）在疾病暴发期间，配上更多的小母猪补充生产下降造成的损失。

5）推迟流产母猪配种时间，间隔一个情期再配。

6）病公猪精液质量下降并携带 PRRSV，且在 21 天后仍可以通过交配导致母猪发生 PRRS，故应停止使用公猪，外购精液，采用人工授精。

三、圆环病毒病的防治对策

猪圆环病毒Ⅱ型（PCV-2）是确认的重要病原体，与其相关的多种疾病在许多国家广泛流行，尤其是该病毒对免疫系统的损害，使多种烈性疾病发生频繁，给养猪业造成了很大损失。

（一）发病特点

1. 免疫抑制

PCV-2 感染猪的淋巴细胞和 T 细胞数量显著下降，淋巴器官中的 T 淋巴细胞和 B 淋巴细胞数量显著减少，因此 PCV-2 感染猪群因为免疫力低下，对其他病原体的抵抗力大大降低。

2. 引起继发性免疫缺陷

发病 PCV-2 感染猪至少存在短期不能激发有效的免疫应答现象。

3. 临床表现多种多样

PCV-2 感染导致多种疾病，包括断奶后多系统衰竭综合征（PMWS），母猪繁殖障碍，断奶猪和育肥猪的呼吸道病，猪皮炎和肾病综合征（PDNS），以及肠炎和仔猪先天性震颤。

4. 混合感染广泛存在，症状复杂，不易控制

PCV-2 与 PRRSV、PRV、HCV、SSV、SIV 支原体、副嗜血杆菌、沙门菌、细小病毒等混合感染日益增多，各病原相互促进，症状复杂，不易控制。

（二）临床表现

1. 繁殖障碍

主要危害初产母猪和新引进种猪群，可表现流产、产死胎、木乃伊胎和仔猪断奶高死亡率。急性繁殖障碍主要是流产增加或发情延迟，持续 2~4 周，之后母猪产木乃伊胎或死胎的数量增加，可持续数月。

2. 皮炎和肾病综合征

主要发生于 8~18 周龄的猪，一般呈散发，发病率高、死亡率低。最常见的临床症状是猪皮肤上形成圆形或形状不规则、呈红色到紫色的病变，在会阴部和四肢最明显，也可出现在耳、腹部、喉、体侧等部位。病变中央呈黑色，常融合成大的斑块，可视浅表淋巴结肿大至 3~4 倍，心包积液或黄色胸水。肾小球性肾炎，间质性肾炎，表面有出血点或瘀斑（图 9.13），苍白肿胀，常见严重下痢和呼吸困难。

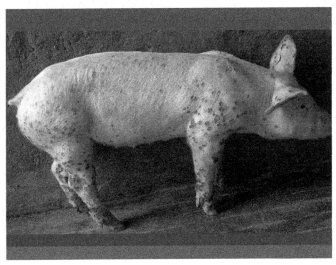

图 9.13 猪圆环病毒皮炎

3. 间质性肺炎

这是目前常见的与 PCV-2 病毒相关联的呼吸道疾病。其病理解剖中，间质性肺炎和增生性肺炎常见。间质性肺炎主要危害6~14 周龄猪，发病率为 20%~30%，眼观病变为弥漫性间质性肺炎，颜色灰红色。PCV-2 已成为育肥猪呼吸道综合征（PRDC）的原发病原之一，在 PRDC 的各病原体中的地位极为重要。

4. 肠炎和仔猪先天性震颤

PCV-2 感染可引起肉芽肿性肠炎，猪出现腹泻、溃疡症状。已有研究表明，初生仔猪的先天性震颤与 PCV-2 感染有关。

5. 断奶猪多系统衰竭综合征（PMWS）

常见的 PMWS 主要发生在哺乳期和保育舍的仔猪，尤其是5~12周龄的仔猪，一般于断奶后 1~2 周开始发病到保育结束。急性病例发病率 20%~60%，病死率 10% 左右，但常继发或并发其他病原体感染而使死亡率大大增加，病死率可达 25% 以上。发病最多的日龄为 6~8 周龄，分布于 5~16 周龄。发病猪多先发热（一般不超过 41℃），减食，继而出现消瘦、毛粗乱、竖立、呼吸困难、皮肤黄白，少数可见黄疸，腹股沟淋巴结肿大，下痢或腹泻、嗜睡，眼角有分泌物。

（三）综合防治措施

猪的圆环病毒病目前尚无有效疫苗可供免疫。许多国家养猪业都不同程度地存在圆环病毒，但并不是所有养猪场都有本病暴发，有的养猪场正常猪与严重病猪生活在同一栏内也不发病，上述情况说明控制圆环病毒引起的各种症状是有可能的。

仔猪断奶后 2~3 周是预防圆环病毒发生临床症状最关键的时期，因此最有效的方法是尽可能减少对断奶仔猪的应激以及提高机体免疫力。预防措施如下：

（1）避免过早断奶和断奶后更换饲料。

（2）避免断奶后并窝并群，仔培箱要用实板相隔。

（3）避免在断奶前后一周注射疫苗，适当减少接种密度。

（4）降低饲养密度，提供舒适环境。生长育肥舍小群饲养，实体防墙，清理粪尿系统，冲洗消毒。

（5）仔猪断奶当日起饮用口服补液盐，每千克体重 10mL，连用 10 天，效果非常理想。

（6）断奶前、断奶后的饲料中加入盐酸土霉素 400g/t 拌料防止细菌感染。

（7）孕猪进入产房前应彻底消毒，并进行驱虫治疗。

（8）母猪产前一周产后一周，饲料中加入盐酸土霉素 400g/t 拌料。

（9）对母猪进行 PCV-2 血清学检测，剔除阳性猪，可显著减少 PMWS 的发生。

（10）若有多余的产仔舍，可将仔猪多养 2~4 周，然后直接转入育肥舍（做好保温工作），在保育舍严重污染的情况下有积极效果。

（11）做好 HC、PR、PRRS、细小病毒病、喘气病等疾病的免疫工作。

（12）加强猪场生物安全，尽量减少可传播媒介。

（四）对发病猪场的控制措施

用免疫促进剂提高机体抗病力，结合抗生素治疗，减少继发性的细菌感染，是控制死亡率的关键。

（1）发病仔猪治疗意义不大，建议淘汰。

（2）让发生断奶后多系统衰竭综合征的猪多饮水，这点非常重要。

（3）发生呼吸道综合征和皮炎肾炎综合征的病猪康复较快。

（4）发生繁殖障碍的母猪尽量淘汰。

四、伪狂犬病的防治对策

猪伪狂犬病（PR）是由 PRV 引起的猪和其他动物的急性热性传染病，特征为奇痒、发热、脑脊髓炎。

猪 PR 在我国的广泛发生，对猪群健康有重大威胁，规模养猪场已经将 PR 免疫纳入常规程序。但是，由于养猪的集约化和高密度生产、疫苗的使用和免疫程序不规范以及未免疫猪群的存在，多数猪场 PRV 野毒感染的阳性率比较高，并导致一些养猪场仔猪 PR 不断发生、育肥猪群生产水平下降和猪群健康恶化，最明显的就是商品猪群 PRDC 发生日益严重。

（一）猪 PR 的发生特点

（1）猪场 PR 阳性率很高，但 PR 多呈散发，临床症状不典型，表现形式多，目前此情况多见。

（2）新建场、阴性场及阳性场一次引种过多等情况可导致 PR 急性暴发，症状典型，目前此情况较少见。

（3）混合感染增多，控制难度加大，并且成为 PRDC 的主要病原之一。

（4）无明显的季节性，但仍以繁殖高峰期和冬春季节多发。

（二）猪 PR 的临床表现

1. 急性暴发期症状典型

（1）一般先发生在产房，母猪先出现厌食、便秘、震颤、结膜炎，分娩延迟或提前，产木乃伊胎或流产，以流产发生比例最高。

（2）弱仔 2~3 天死亡。健仔一般 3~5 天发病，体温 41℃以上，口有泡沫，口角、眼睑水肿，眼眶红，腹部皮肤有粟粒大的紫包斑，严重的全身发紫。可能拉稀和呕吐。神经症状最后出现，麻痹，不能站立，间歇性抽搐（10~30min 一次），病程 3 天，也可能在几小时内死亡。有神经症状或拉稀的最后多死亡。

（3）产房内 20 天以后的猪只发生 PR 时以呼吸道表现（咳

嗽、喘气）为主，同时生长缓慢甚至渐渐消瘦。出现神经症状、拉稀、细菌性肺炎的病猪多死亡。总死亡率约50%。

（4）断奶仔猪、生长育肥猪以呼吸道症状为主，有发热、厌食、沉郁、拉稀、发育不良等表现。神经症状多出现在断奶后生长阶段，表现为猪步态蹒跚，后肢高抬，有的后退，有的后躯麻痹。治疗合理及时，死亡率较低，但断奶后患猪出现神经症状和拉稀的死亡率仍较高。

2. 散发 PR 猪场发生 PR 时的临床表现

PR 散发，症状不典型，形式多样，可能存在以下情况：

（1）除怀孕母猪出现流产外，哺乳仔猪及其他猪只未见异常。

（2）哺乳仔猪和断奶仔猪同时发病，腹泻，精神不振，被毛粗乱，消瘦，怀孕母猪和其他猪无异常。

（3）猪场 PRV 检测阳性率很高，但猪群很长时间甚至几年未发生 PR。

（4）免疫猪群发生 PR，紧急接种又可将病势控制。

（5）与猪瘟、蓝耳病、胸膜肺炎、圆环病毒等混合感染增加。

（6）无论猪只大小，呼吸道症状明显增多。

（三）猪 PR 的控制措施

1. 新建场、阴性场及未发病阳性场 PR 的控制措施

（1）引种检测。

（2）自繁自养。

（3）单一饲养。

（4）做好生物安全构建，认真开展灭蚊蝇、灭鼠工作。防止飞鸟侵入。

（5）所有人员、车辆入场严格消毒。

（6）注射疫苗：

1）后备、空怀母猪：配种前2周接种一次，以后每胎产前3~8周接种一次，2mL/头。

2）种公猪：一年 2 次，2mL/（头·次）。

3）怀孕母猪初次免疫：产前 3~8 周间隔 3 周接种 2 次，2mL/（头·次）。以后每胎产前 3~8 周接种一次，2mL/头。

4）仔猪（无母源抗体）：3 周龄免疫接种一次，2mL/（头·次）。

5）仔猪（有母源抗体）：8~12 周龄免疫接种一次，2mL/（头·次）。

（7）定期进行免疫检测，发现抗体水平较低时分析原因，采取措施。

2. 新建场、阴性场及阳性场 PR 发生或流行时的控制措施

一个 PR 阳性猪场，控制 PR 的最好方法是通过免疫逐渐减少并最终消灭本病。而实现此目标必须满足两个条件：一是所有免疫猪产生坚强的免疫力，在强毒攻击时不表现症状；二是强毒不会在体内增殖，免疫猪不会成为带毒者。

（1）新生仔猪超前免疫（双基因缺失弱毒苗），发病仔猪紧急接种（双基因缺失弱毒苗）。

（2）8~12 周龄免疫接种一次，4 周后二免。

3. 种猪场（群）PR 的控制方案

（1）对未免疫过 PR 的猪场，先进行一次血清学检测，将猪群分为阳性猪群和阴性猪群，分开饲喂。然后用基因缺失灭活苗进行两次基础免疫。阴性猪一年两次免疫，阳性猪一年三次免疫，每半年进行一次血检，分群。注苗后基因缺失灭活苗阳性猪为健康猪，一年两次免疫。注苗后野毒感染阳性猪一年三次免疫。逐渐缩小和有计划淘汰野毒感染阳性猪。最终变成完全健康无野毒感染的猪群。

（2）对免疫过 PR 的猪场，先将疫苗换成基因缺失灭活苗，一年三次免疫。每半年进行一次血检，分群。基因缺失灭活苗阳性猪为健康猪，分群饲喂。野毒感染阳性猪一年三次免疫，分群

饲喂。逐渐缩小和有计划淘汰野毒感染阳性猪。最终变成完全健康无野毒感染的猪群。

（3）100日龄抗体检测阴性可留种用，对抗体阳性猪进一步检测。野毒感染阴性猪同样可留种用，野毒感染阳性猪育肥出售，但应立即进行紧急接种，最好免疫两次。对留种仔猪用基因缺失灭活苗免疫一次，4周后二免，以后半年一次免疫，同时进行抗体检测，发现野毒感染及时淘汰。

4. 正在暴发的猪场PR的控制方案

（1）所有猪只进行两次紧急免疫接种（种猪使用单基因缺失灭活苗，仔猪、育肥猪可使用双基因缺失弱毒苗），当疫情平息后按上述免疫程序常规免疫。

（2）新生仔猪弱毒苗滴鼻0.5头份，或用干扰素治疗。

（3）对病猪立即扑杀，彻底消毒猪舍、分泌物及环境。

五、口蹄疫病的防治对策

口蹄疫是由口蹄疫病毒引起的偶蹄兽的一种急性、热性和高度接触性传染病。临诊上以猪的口腔黏膜、蹄部、乳房皮肤发生水疱和溃烂为特征。猪口蹄疫发生率高，传播速度快，流行面积大，对仔猪可引起大批死亡，造成严重的经济损失。

（一）发病特点

（1）猪对口蹄疫病毒特别易感，常常见到一个地方仅猪发病，而牛、羊等偶蹄兽不发病。幼龄仔猪发病率最高，病情最重，死亡率最高。

（2）一年四季均可发生，无严格季节性。

（3）常常沿交通线跳跃式流行，且流行周期缩短，基本上年年发生。

（4）口蹄疫不是终身免疫病，畜群的免疫状态对流行的情况有决定性作用。因为圆环病毒在大多数猪群中的存在，猪只虽经疫苗免疫，但自身免疫功能受到圆环病毒破坏，造成免疫力低下、抗体偏低，仍能感染该病。

（5）当前口蹄病突出表现为心肌炎型。心肌炎型多出现在仔猪，得病仔猪常突然死亡，无明显症状。剖检可见心肌出血、坏死，呈虎斑心。得病育肥猪也常突然死亡。

（6）混合感染增加。通过病理诊断和病原检测，发现病死猪常常圆环病毒、蓝耳病感染严重，并有猪瘟、弓形体、副猪嗜血杆菌、链球菌等继发感染。

（二）临床表现

潜伏期1～2天，病猪以蹄部水疱为特征，体温升高（41～42℃），全身症状明显，精神不振，食欲减退或废绝；蹄冠、蹄叉、蹄匣发红，形成水疱和溃疡，有继发感染时蹄壳可能脱落；病猪跛行、喜卧；病猪鼻盘、口腔、齿龈、舌、乳房（哺乳母猪）也可见到水疱和溃烂；仔猪可因急性肠炎和心肌炎死亡，死亡率可达80%（图9.14、图9.15）。

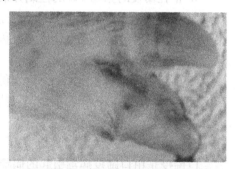

图9.14　猪口蹄疫蹄部溃烂

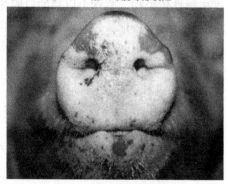

图9.15　猪口蹄疫口部溃烂

（三）综合防治对策

（1）坚持做好口蹄疫的预防注射。应用安

全高效的疫苗对猪只进行免疫预防，是控制和扑灭口蹄疫病的主要技术措施。推荐的免疫程序如下：

1）种猪（种公猪、后备公猪、后备母猪）：每年 3 次，间隔 4 个月，耳后肌内注射，每次 2mL/头。

2）种母猪：配种时接种高效苗 3mL/头（后备母猪配种前 25 天接种高效苗 3mL/头）。分娩前一个月再次接种高效苗 3mL/头，以确保母源抗体效价达到 1∶1 024 以上。

3）断奶仔猪：40~50 日龄首免，耳后肌内注射高效苗 2mL/头。

4）生长猪：70~80 日龄二免，耳后肌内注射高效苗 3mL/头。

5）育肥猪：出栏前 30 天三免，耳后肌内注射高效苗 4mL/头。

6）免疫之前 7~10 天饮用电解多维素（200g/t 水），不但可以提高免疫抗体效价，而且有效避免了圆环病毒、蓝耳病病毒造成的免疫抑制，最大限度地确保免疫成功。

（2）若一个养猪场上次发病后间隔几个月到一年内再次发生口蹄疫，大多是由异型或不同亚型毒株所致。因此，应及时采集流行毒株送检，进行抗原分型鉴定，并根据变异情况购进同毒株疫苗或制备自家苗进行免疫，以确保免疫效果，注意亚洲 I 型及 A 型的可能。

（3）严把疫苗质量关，严把接种技术关。高效苗免疫效果较好。

（4）认真做好消毒灭源和生物安全控制工作，防止外源传入。

六、乙型脑炎的防治对策

乙型脑炎（JEV）是由日本乙型脑炎病毒引起的一种人畜共

患病，繁殖母猪感染后发生繁殖障碍，公猪发生睾丸炎。

（一）发病特点

（1）季节性明显。蚊子是主要的传播媒介，随着天气转凉，蚊子减少，发病也减少。多发于7~9月。

（2）育成、育肥猪感染JEV后可不表现症状，属于隐性感染。

（3）传染性高。疫区经过夏季之后，几乎所有猪只都成为乙型脑炎血清学阳性猪。

（二）临床症状

（1）公猪睾丸炎，多一侧性睾丸肿大，热，痛，数天后消退，但多数缩小变硬，丧失配种能力（图9.16）。

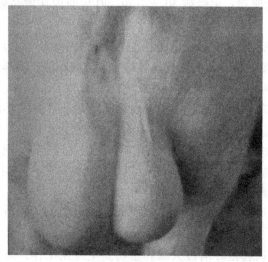

图9.16　公猪睾丸炎后遗症

（2）怀孕母猪流产，早产或延迟分娩，胎儿多为木乃伊胎或死胎。大部分仔猪生长发育不良，同窝仔猪大小、病变有显著差异。流产后的母猪症状很快减轻或消失，体温和食欲渐渐恢复。

（3）流产胎儿水肿，脑膜充血，皮下水肿，胸腹腔多量液体。

（三）预防和治疗

（1）每年的春季配种前一个月对 4 月龄至 2 岁的公、母猪进行免疫接种，第二年再加强免疫一次。免疫前一周应用安普疫安饮水。

（2）做好灭蚊工作，尤其是公猪舍、母猪舍、配种舍。

（3）对病猪对症治疗。公猪睾丸炎采取退热抗菌治疗，如果双侧睾丸都有炎症应淘汰。孕母猪预产期超过 3 天要实施引产，引产不成功的或全窝木乃伊胎的要淘汰。

七、细小病毒病的防治对策

猪细小病毒病是由细小病毒感染引起的母猪多种形式的繁殖障碍性疾病，该病在我国较多养猪场发生，引起暴发流行，造成损失很大。

（一）发生特点

（1）春夏期间配种的初产母猪多发。

（2）公猪感染后受精率、性欲没有明显变化。

（3）广泛存在和高度传染性，易感健康猪群一旦被病毒侵入，三个月内几乎 100% 被感染。

（4）母猪只表现繁殖障碍，其他症状不明显。其他猪一般无明显表现。

（5）可与 PCV-2 混合感染，引起仔猪断奶后"干瘦病"。

（6）PPV 可水平传播，又可垂直传播。交配、消化道、胎盘是最常见的传播方式。

（二）临床表现

PPV主要危害头胎母猪，感染的胎龄不同临床表现不同。怀孕早期感染（10～30天）引起胎儿死亡和重新吸收，母猪可再发情并受胎；怀孕前中期（30～60天）感染引起胎儿死亡或木乃伊化（图9.17），母猪可再发情但屡配不孕；怀孕中期（60～70天）感染引起母猪流产；怀孕70天后感染母猪可正常分娩，产出弱仔和外观健康、带有高抗体的仔猪。70天以前感染PPV胎儿死亡或木乃伊化，胎水被重吸收，母猪腹围减小。

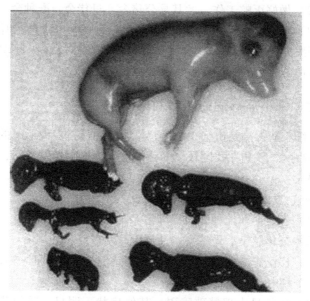

图9.17 死胎及木乃伊化

（三）细小病毒（PPV）病诊断与防治

1. 诊断

（1）疑似诊断内容：猪场短期内有多头母猪（尤其是头胎母猪）发生繁殖障碍，出现流产、产死胎、木乃伊胎、胎儿发育异常等情况，而母猪本身无明显症状，同时具有传染性，应考虑本病。

（2）荧光抗体检测。

（3）LAT乳胶凝集实验。

2. 预防

（1）免疫预防：免疫的重点在于后备母猪及春秋季节配种的母猪。后备母猪配种前第7周，配种后第2~3周各免疫1次。经产母猪配种后2~3周免疫1次。种公猪一年免疫1~2次。发病平稳地区1年免疫1次，发病严重地区1年2次。新发地区用弱毒苗，一般用灭活苗。

（2）对种猪进行抗体检测，阳性猪一律淘汰。

（3）自繁自养，引种检疫。

（4）对流行猪场实行自然感染法。

（5）母猪流产的胎儿、胎衣、胎水均要严格无害化处理，对污染场所彻底消毒。

（6）坚持日常兽医卫生制度，做好蚊蝇鼠类的消灭工作。

（7）仔猪断奶后两周使用黄芪多糖和电解多维饮水可显著提高免疫力，避免了多种病原混合感染导致的多种疾病。同时可显著提高疫苗接种的效价。

八、附红细胞体病的防治对策

猪场附红细胞体病是由猪附红细胞体附着在猪红细胞或血浆中引起的一种传染性疾病，以患畜高热、皮肤发红、黄疸、贫血、流产、产弱仔为主要特征。本病是目前影响养猪业的重要疾病之一，在经过急性暴发期后临床表现不明显，通常猪只发生继发感染或混合感染，一旦发现即到中后期，治疗效果不理想。

（一）发生特点

（1）阳性率很高，表现形式多，潜伏期较长，临床症状不

典型，目前此情况多见。

（2）对生产性能的影响日益突出。

（3）通常猪只发生继发感染或混合感染。

（4）常继发于应激、免疫抑制病发作等情况下。

（二）临床表现

1. 公猪

性欲下降，精液质量下降，配种受胎率下降。精液灰白色，密度下降20%～30%，精液浓稠不易透过过滤纱布。

2. 哺乳仔猪

生长缓慢，毛长粗糙无光，营养不良，抗病力低。常诱发多种疾病而表现多种形式。如常与白痢、传染性胃肠炎、链球菌并发。

3. 保育猪

影响不明显，部分培育猪生长缓慢，皮肤发白，毛粗乱。当猪群遭到巨大应激或疾病侵入时多诱发和继发。

4. 母猪

主要表现返情和产弱仔，弱仔比例一般20%左右。母猪产前、后低热不食，可持续5～7天甚至更长，便秘。妊娠后期易和链球菌、弓形虫混合感染，高热，不食，便秘，喘气，此情况与管理水平密切相关。

（三）防治

对本病的防治药物主要有贝尼尔、氨基苯砷酸钠、土霉素和四环素等。预防时用氨基苯砷酸钠180g/t拌料，或土霉素600g/t拌料，或四环素400g/t拌料，一般连用一周。治疗时用贝尼尔，按每千克体重4～6mg或土霉素、四环素每千克体重15mg，肌内注射。

九、弓形虫病的防治对策

弓形虫病是一种重要的人兽共患寄生虫病，可感染包括人在内的 200 多种动物，其中猪感染率最高，是本病的重要传染源。

（一）发病特点

（1）散发或暴发，呈地区性流行，无区域差别性。发生形式与当地气候和猪场饲养管理水平关系密切。

（2）养猪场弓形虫感染阳性率很高，弓形虫引起的母猪流产和死胎广泛存在。

（3）夏秋季节为发病高峰，但目前弓形虫病冬季发病率呈上升趋势。

（4）在 PRRS 或 HC 发生的猪场，弓形虫病成为青年猪和大猪重要的继发性原虫性感染。

（5）夏秋季节与附红细胞体、链球菌等混合感染，使母猪产科疾病增多。

（二）临床表现

1. 哺乳仔猪

病初精神沉郁，不活泼，瞌睡。吃乳次数减少。体温随即升至 40.5 ~42℃并稽留 5~7 天。病乳猪全身发抖，随即食欲废绝。鼻镜干燥，鼻孔内流出白色浆液性或黏液性鼻涕，鼻塞。呼吸增快，腹式呼吸。粪便初干球状表附黏液，后期水样恶臭。同期皮肤出现紫色斑点，结膜发绀。最后呼吸困难，衰竭而死。

2. 中、大猪只

病初体温 40.5~42℃，一般 41.5℃，稽留 7 天左右。精神委顿，食欲逐渐减少至废绝。病猪多数便秘，眼结膜充血，有眼屎。浆液性或黏液性鼻涕，鼻塞。咳嗽，喘气，呼吸增快，腹式呼吸。腹股沟淋巴结明显肿大。进一步发展耳、下腹、后躯等部位皮肤呈紫色（图 9.18），结膜发绀。步态不稳，行走困难，个

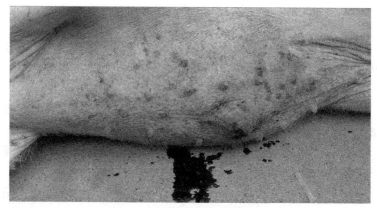

图 9.18　猪弓形虫病腹下皮肤瘀血斑

别病猪后躯麻痹。最后呼吸困难，衰竭而死。胃肠炎型出现腹泻，呕吐，胃肠穿孔。

3. 妊娠母猪

流产，产死胎、弱仔或畸形胎儿。也可引起全身症状，表现高热，喘气，不食等，严重的也可死亡，但死亡率低。

（三）弓形虫病诊断与防治

1. 诊断

（1）涂片检查。

（2）动物接种。

（3）血清学检查。

2. 预防措施

（1）猫是重要传播媒介，猪场禁止养猫，饲养员也不可与猫接触。

（2）保持圈舍卫生，加强粪场管理，统一堆放，统一发酵。

（3）弓形虫病的传播方式一般有水平传播和垂直传播两种，故在高峰季节要加强对生产工具、工作靴、料袋、粪车、饮水等的消毒，并在饲料中添加药物进行预防，安普金粉 400g/t 料即有很好效果。

（4）死猪，母猪流产的胎儿、胎衣、胎水均要严格无害化处理，污染场所彻底消毒。

（5）加强生物安全。食粪甲虫、苍蝇、吸血昆虫、鼠类等均可直接传播本病，采取措施尽量减少传播媒介。

（6）在妊娠后期（80~90 天）使用磺胺粉 400g/t 料进行预防，以减少母猪流产，产死胎、弱仔的发生。

（7）在 PRRS 和 HC 暴发期间，使用磺胺粉 400g/t 料连用 5~7 天进行预防，以减少中、大猪群的弓形虫病的继发感染。

（8）对哺乳仔猪 3 日、7 日、21 日龄分别注射 0.5mL、0.8mL、1.5mL 磺胺针保健，可有效预防早期弓形体感染。

（9）夏秋季节应在产前一周，产后一周使用磺胺粉 400g/t 料进行预防，以减少细菌、原虫混合感染引起的产科疾病。

3. 治疗措施

发病猪群使用磺胺针 0.2mL/kg 体重注射疗效较好。全群使用磺胺 1kg/t 料，连用 5~7 天即可控制病势。

十、副嗜血杆菌病的防治对策

最近几年，许多养猪场发生了一种以多发性浆膜炎和关节炎及高死亡率为主要特征，严重危害仔猪和保育猪的传染病，给养猪业造成了巨大损失。经过细菌分离鉴定和分子生物学实验，证明病原为副嗜血杆菌。

（一）发病特点

1. 只感染幼猪

主要在断奶前后和保育阶段发生，通常见于 5~8 周龄。

2. 条件性致病，应激因素引起

（1）气候突然变化。

（2）空气质量较差。

（3）多次转群并群。

（4）饲料饮水不足。

（5）运输过程中产生疲劳，抵抗力下降。

3. 病变广泛

胸膜炎、腹膜炎、心包炎、关节炎、脑炎、肺水肿、化脓性鼻炎、肋膜炎等广泛存在，而且心脏等多脏器浆膜有纤维素蛋白沉着（图9.19）。

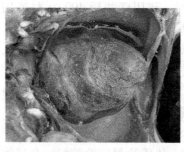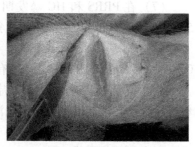

图9.19　猪副嗜杆菌包心（心包浆膜纤　　　图9.20　猪副嗜杆菌病关节积液
　　　　　维素蛋白沉着）

4. 继发感染

在 PRRSV、PCV-2、PRV、流感病毒致病后易继发感染。

（二）临床表现

1. 典型表现

通常见于急性感染 2~8 周龄的仔猪。表现为发热，食欲缺乏或厌食，精神沉郁，呼吸困难，痛苦咳嗽，有浆液性或黏液性鼻涕。关节肿胀，步态僵硬，颤抖，共济失调，可视黏膜发绀，侧卧，最后尖叫而亡。也有症状不明显突然死亡的猪只。

2. 慢性症状

见于育肥猪、哺乳母猪。公、母猪慢性跛行，急性耐过猪只体质虚弱，生长不良，关节肿大积液多（图9.20）。

（三）预防和控制措施

（1）副嗜血杆菌多价灭活苗免疫接种。种公猪一年两次，每次3mL；后备母猪产前6~7周首免，两周后二免，以后每胎产前4~5周龄免疫，每次3mL；仔猪7日龄首免2mL，17~28日龄二免2mL。

（2）对发病猪只制备自家苗进行预防。

（3）药物防治：可采取强力霉素或替米考星粉拌料，发病时用上述药针剂注射治疗。

十一、仔猪渗出性皮炎的防治对策

本病是由金黄色葡萄球菌感染幼龄猪只引起的以皮肤渗出为主要特征的传染性疾病。养猪场中本病发生率、死亡率均高，造成了较大损失。

（一）发病特点

（1）卫生条件差、消毒不严格的养猪场多发，病情严重。

（2）刚出生不久的到断奶前的仔猪易发，多见于1周龄以内的仔猪，发病率40%左右。

（3）猪舍设备粗糙和生产工艺设计不合理与本病发生呈正相关。

（二）临床表现

最早的病例见于2日龄仔猪，最迟的病例见于7日龄仔猪。3日龄以前发病的仔猪初期症状一般从皮肤无毛少毛处或皮肤损伤处出现红色斑点和丘疹，然后向脸颊、耳后蔓延，一般经过3天蔓延至全身。3日龄以后发病的仔猪皮肤病变一般先从耳后开始，也出现红色斑点和丘疹，然后向前向后蔓延，很快遍布全身。

病猪症状明显期呈湿润浆液性皮炎，皮肤增厚，皮下渗出、水肿。形成鱼鳞样痂皮和波浪状皱褶，严重病例皮肤皲裂。触摸病猪全身皮肤黏腻，被毛可轻轻拔掉甚至可连同皮肤一起拔掉，露出红色创面。一般前 3~5 天病猪精神、食欲、粪便及体温均基本正常。后期扎堆，发热，精神不振，哺乳量和食欲下降，持续 5 天左右开始死亡。耐过病猪发育不良。

（三）预防和治疗

1. 诊断

（1）特征性的皮肤病变。

（2）涂片镜检。

2. 预防和治疗

（1）注意保温，适当通风。改善卫生，处理粗糙设备。

（2）加强消毒。在剪牙、断尾、补铁时多准备几套工具，一个工具用过后放入消毒液中，几套工具交替使用。剪齿一定要平整，不能留下尖锐不平的横断面。

（3）同产房先出生的小猪三日龄内若发生渗出性皮炎，应对后出生的仔猪暂停补铁，待进行 1~2 次消毒后再施行。

（4）若产房内个别小猪发生渗出性皮炎，应对全群开食料中加入盐酸四环素 400g/t，连用 5~7 天以控制蔓延。

（5）对严重病例加强护理，实行肌内注射抗生素 0.2mL/kg 体重，并用药物洗浴的方法进行治疗，可缩短疗程。

（6）兽医的器械传播在本病发生发展中有重要意义，应引起重视。

（7）若小猪发生渗出性皮炎后很快出现高热不食，说明存在继发感染。应采用肌内注射青霉素 4 万单位/kg 体重，并用药物洗浴的方法进行治疗。中成药白及拔毒散外用效果良好。

十二、寄生虫病的防治对策

由于规模养猪场猪群密度大，数量多，寄生虫在规模养猪场中普遍存在，即使管理良好的养猪场也是如此。

（一）发病特点

（1）生产线式的养猪方式为寄生虫的传播创造了条件。

（2）规模养猪场普遍存在多种寄生虫感染的现象。

（3）毛首线虫、猪蛔虫、食道口线虫、结肠小袋纤毛虫、猪球虫、疥螨是规模养猪场主要寄生虫。

（4）由于长期使用一到两种驱虫药物，毛首线虫、结肠小袋纤毛虫、猪球虫、绦虫、吸虫在规模养猪场的感染强度增大。

（5）猪的生长阶段不同，其寄生虫的污染和感染水平以及感染后对经济效益的影响不同。

（二）临床表现

（1）猪只消瘦、贫血、食欲缺乏、生长发育不良是寄生虫病的共同表现（图9.21）。

图9.21　患有严重体内寄生虫疾病的猪

（2）猪蛔虫和肺丝虫可导致寄生虫性肺炎，病猪咳嗽，低热，食欲减退，呼吸增快。

（3）猪蛔虫成虫感染可引起肠阻塞、肠穿孔和胆道阻塞，表现为黄疸和腹痛。

（4）毛首线虫、结肠小袋纤毛虫感染病猪食欲缺乏，渴欲增加，粪稀如水，恶臭，消瘦，被毛粗乱无光。毛首线虫引起严重的血痢。

（5）猪球虫感染 7~20 日龄仔猪。病猪排黄色或灰色、灰白色粪便，恶臭。初为黏性、糊状，1~2 天后排水样粪便，但无血便，有强烈的酸奶味。腹泻可持续 4~8 天，导致严重脱水和失重。

（6）疥螨感染后引起皮肤损伤，皮肤出现丘疹和水疱，若继发感染引起化脓灶。水疱或脓疱破溃后在皮肤表面干涸而形成痂皮，严重病例皮肤增厚，有皱纹或皲裂。病灶通常起始于眼周、颊部、耳部和臀部，然后蔓延到背部、躯干两侧、后肢内侧及全身。病猪用以上部位在墙壁、柱栏等处摩擦。

（三）诊断

（1）病理变化。

（2）虫体或体节检查。

（3）虫卵检查：①直接涂片法；②饱和盐水漂浮法；③改良型斯康星饱和糖水漂浮法。

（四）控制措施

（1）做好猪场寄生虫的检测工作，确定寄生虫的类型和强度。

（2）不同生产阶段的猪只需要不同的驱虫方案，两次驱虫的时间间隔取决于寄生虫生活周期的平均长度。这比加强卫生管理更为重要。

（3）改善养猪场的生产条件和工艺，防止寄生虫通过直接接触传播，这在寄生虫控制中意义重大。

（4）驱虫药物的合理选择和使用。

（5）驱虫期间对全场猪舍实施 1~2 次彻底的清扫和消毒，

最大限度地降低环境中寄生虫的数量。

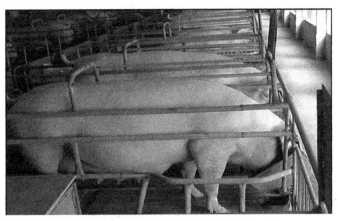

图9.22 驱虫后母猪皮肤洁亮

十三、仔猪腹泻症的综合防治对策

仔猪腹泻是规模化养猪生产条件下的一种多因素性疾病,是引起仔猪死亡和僵猪形成的主要原因之一。再加上管理失当,防治措施、治疗措施不妥,仔猪腹泻常给养猪业造成重大经济损失。下面结合集约化养猪生产实际,分析一下仔猪腹泻的病因及对策。

(一)病因分析

仔猪腹泻主要发生的三个阶段:1~3日龄新生仔猪、7~20日龄乳猪、断奶后至2月龄的培育猪。由于因素较多,临床上归纳为传染性腹泻和非传染性腹泻,其致病因素分类如下:

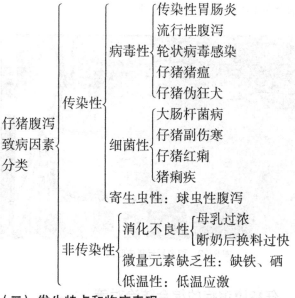

（二）发生特点和临床表现

1. 传染性腹泻

（1）细菌性腹泻：

1）大肠杆菌：该菌是猪肠道后段常在菌，有一些特殊类型的大肠杆菌具有致病性，主要侵袭幼猪，导致严重的腹泻和败血症。

猪的大肠杆菌引起的仔猪腹泻病按其发病日龄分为三种：出生后 1~5 日龄发生的仔猪黄痢，表现为下泻黄色水样粪便。黄痢粪便严重污染圈舍；10 日龄以后发生的仔猪白痢，表现为拉白色粪便。单纯感染死亡率并不高；还有少部分表现眼睑、脸部、颈部、腹部皮下水肿，发生此症后仔猪死亡率特别高，多发生于断奶后两周的仔猪（即仔猪水肿病）。

2）仔猪红痢：C 型产气荚膜梭菌引起的新生仔猪肠毒血症，又称仔猪红痢或出血性坏死性肠炎，通常 1~3 日龄仔猪发生急性出血性肠炎，病程短，死亡率高。最急性仔猪红痢可能不到仔猪拉血便即死亡，常常整窝发病，致死率很高，可达100%。该型病例有时表现出神经症状，因此常有人将其病误诊为伪狂犬病（仅凭临床症状）。在5~14日龄仔猪也可引起亚急性或慢性的感染，表现为间歇性或持续性的非出血性腹泻，常呈散发，常一窝中有3~4头有症状，其余可能是健康的，容易与黄白痢相混淆，用治疗黄白痢的药物处理效果不佳。A型魏氏梭菌也会引起仔猪类似的病症，只是症状相对轻微，现在魏氏梭菌病在向纵深发展，坏死性肠炎也不仅局限在日龄较小的仔猪，日龄较大的断奶仔猪甚至生长猪也时有发生。断奶仔猪同窝中的发病率和死亡率也很高，生长猪则零星散发，但大多病势急，病程短，死亡快。

3）仔猪副伤寒：由致病性沙门菌引起，多发于断奶后1~2月龄体重为10~20kg的小猪，一个月龄以内的仔猪很少发生，临床上少见体温上升，病初便秘后下痢，排淡黄色液状粪便。死于急性经过的病猪，剖检可见败血症变化，脾肿大，胃肠黏膜肿胀、溃疡，出血和坏死。慢性可见孤立的淋巴结及大肠黏膜坏死，呈现糠麸状，细菌学检查可分离到猪霍乱沙门菌。

4）猪痢疾密螺旋体：大小猪都可发生，仔猪主要是断奶后发病率高。病菌主要侵袭大肠，引起肠黏膜出血性炎症，以出血性下痢为主要特征。

（2）病毒性腹泻：

1）传染性胃肠炎：对全封闭舍饲的养猪场而言，其养猪生产计划中每周或每月都持续有母猪产仔，若其间没有间歇的话，无法做到认真消毒灭源工作。因此，散发性的传染性胃肠炎常常就是初生仔猪腹泻的原因。当新生仔猪（7日龄内）和3~4周龄的仔猪一起养在一个大的产房（50~100个产仔箱）内时，地方流行性的传染性胃肠炎最为常见。年龄较大一点的感染猪（包括母猪）会排出大量的有致病力的病毒，当仔猪一周龄时初乳抗体水平下降到一定程度时，这些病毒可以突破易感猪母源抗体的保护而使哺乳仔猪发病，而母猪是部分免疫，因此很少出现临床症状。

由于母猪免疫程度不同，同一产仔房内仔猪抗体保护程度也不一样，通常一窝仔猪腹泻很明显，而相邻一窝仔猪可能很健康。在哺乳期内吃前三对乳房奶的仔猪由于乳汁较多可能不发生腹泻，这些仔猪在哺乳期内获得足够的母源抗体而得到保护，而断奶后就发生腹泻。总之，仔猪发病率和死亡率的变化很大，取决于母源抗体的数量和仔猪的年龄和环境因素，通常发病率50%以上，死亡率50%以下。

对半开放式而未采取保温措施或保温措施不当的养猪场，突然发生传染胃肠炎时，临床上以呕吐，严重腹泻，迅速脱水和10日龄内仔猪高死亡率为特征。成年猪发病后多呈良性经过，而10日龄仔猪死亡率接近100%。该病一旦传入很难消除，发病季节多在每年1~2月和10~12月。天气剧变和饲料变更过快往往是本病的导火索。

2）轮状病毒感染性腹泻：多发生于8周龄以内的仔猪，尤以断奶后发病严重，多发于寒冷季节，母猪不发病。对轮状病毒具有免疫力的母猪在产仔前3天和产仔后2周内可以通过粪便向环境中排毒。在新生仔猪出生几周内几乎所有的仔猪都可被轮状病毒感染，但大多数不表现症状。新生仔猪感染轮状病毒后会出现柠檬黄或奶酪样的腹泻、脱水、消瘦，传播速度比传染性胃肠炎慢；年龄较大的猪只比较温和，持续时间出现较短。

3）仔猪猪瘟性腹泻：10日龄以内的新生仔猪发生先天性震颤，后几天小猪腹泻并陆续死亡。20日龄以后，有显著的传染性，排黄色、绿色稀薄液状粪便，发烧41℃有呼吸道症状，多数死亡，少数成为僵猪，体温升高，剖检可见肾脏、心冠等处有出血点，腹股沟淋巴结发紫、肿大。

4）流行性腹泻：由冠状病毒引起的猪的一种肠道传染病其特征为呕吐，腹泻和脱水。本病在流行病学和临诊症状上与猪传染性胃肠炎无显著差异，仅死亡率稍低些，传播相对迟缓，主要发生于寒冷季节。

5）圆环病毒 PCV-2 感染性腹泻：PCV-2 感染可引起肉芽肿性肠炎，猪呈腹泻、溃疡症状。

（3）寄生虫性腹泻：仔猪球虫病是猪孢球虫和艾美属球虫寄生于哺乳期、断奶仔猪肠道上皮细胞而引起的以腹泻为主要症状的原虫病。成年猪虽有球虫寄生但不引起临床症状，多呈带虫现象而成为本病的传染源，尤其是母猪带虫常引起一窝仔猪同时或先后发病，或导致死亡或形成僵猪。

仔猪球虫腹泻多发生于 7~20 日龄（5 日龄以前不会发生球虫性腹泻）。病猪排黄色或灰色、灰白色粪便，恶臭，初为黏性、糊状。1~2 天后排水样粪便，但无血便，有强烈的酸奶味。腹泻可持续 4~8 天，导致严重脱水和失重。病初伴发有发热症，食欲下降。若伴有大肠杆菌、传染性胃肠炎、轮状病毒感染的情况下往往造成死亡。

4~5 月龄育肥猪也易发生球虫病。潮湿多雨、空气温润、气温变化大时，可导致猪舍潮湿不清洁。如果消毒不严，加上猪只饲养密度过大时，很适合球虫繁殖生长，极易暴发球虫病。

2. 非传染性腹泻

（1）消化不良性腹泻：新生仔猪消化功能不完备，消化能力有限，若母乳过于浓厚，乳脂蛋白过高则引起新生仔猪消化不良而发生腹泻。仔猪体温不高，精神食欲正常。若断奶前后换料过快，则仔猪断奶后会发生换料腹泻。因为料中蛋白含量过高，超出了仔猪消化负荷，引起肠内菌群失调而腹泻，腹泻猪只精神状况良好。

（2）微量元素缺乏性腹泻：缺铁、硒均可引起仔猪发生腹泻，且抵抗力弱，对其他疾病易感性增强。

（3）低温：试验证明，昼夜温差超过 5℃时，新生仔猪腹泻发生率明显提高。病仔猪表现竖毛、扎堆、行动缓慢。

（三）仔猪腹泻的综合防治措施

1. 产房管理

气温低，舍内潮湿、不卫生是致病的重要因素。

（1）做好产房和仔猪培育箱的保温：产房预热 27℃。仔猪培育箱温度要求：仔猪出生后 1~7 日龄 35~37℃；8~14 日龄 33~35℃；14~30 日龄 30~33℃（但绝不可低于 28℃）。

（2）产房的消毒：

1）上批母猪调走后对产床、圈栏、料槽、地面彻底冲洗消毒（2%氢氧化钠溶液）。若上批猪发生呼吸道病时应进行一次空气消毒。

2）禁止多批生产母猪同用一个大产房，母猪进产房必须执行洗猪程序。

3）生产期间，每周至少消毒 2 次（带猪消毒）。

4）产房门口设脚踏消毒盆（2%氢氧化钠溶液），人员进入必须踏盆。

5）病死仔猪用料袋装好后运到场外深埋处理。

2. 母猪免疫、保健

（1）母猪产前 40 天、15 天各肌内注射一次仔猪大肠杆菌三价基因工程苗，2mL/次；产前 20 天注射一次魏氏梭菌苗。

（2）母猪产前 3 天及产后 5 天饲料中加入盐酸土霉素 400g/t 净化母乳，切断母乳传播途径。

（3）母猪产前 15 天分两点注射亚硒酸钠维生素 E 注射液 5mL/头。

（4）严格认真接产，刚分娩母猪注射长效土霉素 10mL，1 日 1 次，共 3 次，防止产后感染，确保乳汁质量。

3. 仔猪的预防措施

（1）乳猪初生后未吃乳前，每头猪口服庆大霉素 2 万~4 万单位。

（2）吃初乳前，先把母猪乳房和胸腹部洗干净，用 0.01% 的高锰酸钾或 0.1% 的新洁尔灭消毒，挤掉几滴奶后再让乳猪吃奶。

（3）仔猪出生后 3 天内注射一次铁硒合剂。

（4）3~5 日龄补水时在水中加入人工盐、葡萄糖，供仔猪自由饮用。

（5）仔猪在 3 日、7 日、21 日龄分别注射一次 0.5mL，0.8mL，1.5mL 长效土霉素针。

（6）21 日龄注射一次铁硒合剂。

（7）避免突然变换饲料，仔猪断奶后用 10~14 天逐渐完成饲料变更。

（8）断奶时应避免暴食和日粮蛋白质偏高，少喂多餐。

（9）饲料酸化，断奶后 8~10 天添加 1.5% 柠檬酸。

4. 仔猪的免疫

（1）发生仔猪猪瘟严重的养猪场，乳猪出生后超前免疫猪瘟弱毒苗 3~4 头份。1~1.5h 后再吃乳。乳猪初生后未吃乳前，每头口服庆大霉素 2 万~4 万单位。

（2）发生伪狂犬病严重的养猪场乳猪出生后 3 日龄免疫伪狂犬弱毒苗 1mL/头，滴鼻或肌内注射。3~5 日龄补水时在水中加入口服补液盐水供仔猪自由饮用。

（3）发生传染性胃肠炎、流行性腹泻的养猪场仔猪出生当日胃流二联苗后海穴注射 0.5mL/头。

（4）发生魏氏梭菌严重的养猪场母猪产后用弗吉尼亚霉素 50g/t 拌料 10 天。仔猪吃奶前用甲硝唑溶液灌服。

5. 发病仔猪的治疗

（1）明确诊断，选择针对性强的药物。

（2）重视对症治疗，即时纠正脱水和酸中毒。

（3）分清病因，必要时母仔同治。

（4）提高机体抗病能力十分重要。

（5）哺乳期内腹泻，肌肉用庆大霉素 2 万~4 万单位加 654-2，0.5~1mL，后海穴注射，每天 1 次，连用 2 次。

断奶后腹泻若有明显全身症状，可采用上述治疗方法，用量视情况而定，可适当加大。同时饮用口服补液盐水效果更好。

十四、呼吸道综合征的防治对策

猪呼吸道综合征（PRDC）是目前影响全球养猪业的重要疾病，从保育猪开始及在其后的生长阶段呈现发热、咳嗽、呼吸困难为主要症状的呼吸道病，在许多规模化养猪场发生和蔓延。此情况多发生于 6~8 周龄保育后期的猪和育肥期的猪。

（一）主要的致病因素分析

1. 病原

（1）原发病原：猪肺炎支原体（MH），猪繁殖与呼吸综合征病毒（PRRSV）；伪狂犬病毒（PRV），猪流感病毒（SIV），猪呼吸道冠状病毒（PPCV）；猪圆环病毒 2 型（PCV-2）。

（2）继发病原：多杀性巴氏杆菌（PM）；链球菌（SS），猪副嗜血杆菌（HP）；支气管败血波氏杆菌（BB），胸膜肺炎线杆菌（APP）。

（3）常见的混合感染：PCV-2+PRRSV、PCV-2+PPV、PCV-2+腺病毒、MH+PM、MH+APP、MH+PRRS、PRRS+SS、PRRS+APP、PRRS+猪霍乱沙门菌。

2. 环境及管理因素

环境因素在 PRDC 的发生上起到很大作用。养猪场冬季为了保温而把猪舍的门窗紧闭，造成舍内 NH_3、H_2S、CO_2 过重和 O_2 缺乏，以及舍内细菌总量和尘埃总量增加，引起呼吸道正常防御机能损伤而激发病原体的感染。另外气温突变或昼夜温差超过 5℃，机体处于应激状态，从而激发了病原体的感染。故 PRDC 的发生一般具有明显的季节性。饲养密度大，过多转群、混群，应激，母猪胎龄，仔猪初生重低，饲喂粉料等因素均可促进 PRDC 的发生。

（二）发病机制和临床表现

1. 发病机制

（1）病毒：以蓝耳病毒（PRRSV）、圆环病毒 2 型（PCV-2）和流感病毒（SIV）最为麻烦。

1）蓝耳病病毒（PRRSV）：严重破坏肺泡巨噬细胞和白细胞，这些巨噬细胞和白细胞也是 PRRSV 增殖的主要场所。受损的巨噬细胞和白细胞失去了抗感染作用，增强了其他病原体对肺脏的侵袭作用。仔猪发生蓝耳病后，免疫功能下降，对病原抵抗力弱，常继发副嗜血杆菌、链球菌、霍乱沙门菌，多杀性巴氏杆菌、胸膜肺炎放线杆菌，肺炎支原体等。

2）圆环病毒 2 型：该病毒也可感染肺泡中的巨噬细胞，造成大量裂解，产生间质性肺炎。

3）流感病毒：该病毒吸附于纤毛，在鼻腔黏膜、扁桃体、淋巴结和肺中进行繁殖。病毒的增殖始于上呼吸道黏膜细胞，然后沿气管向下蔓延到肺部，首先侵袭支气管及细支气管，导致纤毛脱落和黏液过量产生，其后感染可蔓延至肺泡。该感染可损害猪肺部的防御功能，从而使猪只对细菌性肺炎敞开大门。

（2）细菌：鼻腔是 D 型多杀性巴氏杆菌和支气管败血波氏杆菌的感染部位。下呼吸道感染的细菌多为 A 型多杀性巴氏杆菌、胸膜肺炎放线杆菌、副嗜血杆菌、肺炎支原体。

1）支气管败血波氏杆菌：该菌可定居于所有猪的鼻腔，对鼻黏膜具有高度亲和力。该菌产生的毒素有助于多杀性巴氏杆菌附着于鼻腔，从而开始导致渐进性萎缩性鼻炎的发生。

2）D 型多杀性巴氏杆菌：该菌主要定居于鼻腔和扁桃体，但只是在事先存在支气管败血波氏杆菌对鼻黏膜造成的损伤时才发生定居。D 型巴氏杆菌产生毒素引起渐进性鼻炎中的鼻甲骨歪斜。

3）A 型多杀性巴氏杆菌：定居于肺，可黏附于细胞，分泌毒素破坏肺部防御功能。

4）胸膜肺炎放线杆菌：有 15 个血清型，飞沫传播，最终定居于扁桃体。如果扁桃体释放出大量细菌或吸入大量细菌就会移行定居于肺，该菌可迅速被肺部巨噬细胞吞噬，引起免疫抑制。

5）副猪嗜血杆菌：该菌是呼吸道最早的定居菌之一，与呼吸道纤毛功能密切相关。

6）猪肺炎支原体：肺炎支原体是引起猪呼吸道疾病的主要元凶。当感染支原体时，支原体会在生长时向外分泌一种具有粘连附着功能的丝状蛋白质，协助支原体附着在支气管、细支气管的纤毛顶端，使纤毛变短，变少或脱落，不能清除各种呼吸道异物，导致呼吸道门户洞开，使气源性病菌长驱直入下呼吸道和肺部，极易引起继发感染。单纯感染后病猪干咳、低烧、生长缓慢。发病率高、死亡率低。严重感染后易继发其他细菌或病毒，使病情加重，临床上出现呼吸困难、腹式呼吸、喘气。如果不采取积极措施，90%以上的猪只都可被感染。由于猪群抵抗力不同感染后的症状差异很大，支原体单纯感染只造成轻度肺炎，猪只表现无痰干咳，当有人进入猪舍时引起惊群，或饲养员早起赶猪，或兽医注射疫苗猪只逃避时，干咳症状比较明显，但死亡率很低。猪场支原体单纯感染几乎不存在，尤以肺炎支原体与PRRSV 混合感染时最为严重。

2. 临床表现

在保育舍的发病特点主要是病猪咳嗽，眼鼻分泌物增多，呼吸频率加快，体温升高，精神沉郁，食欲缺乏，生长缓慢或停滞。急性病例经打针治疗后病情若得到控制会出现生长明显受阻，往往成为僵猪。保育期发病率 30%~70%，死亡率 20% 左右。

育肥期猪只通常先轻度咳嗽，然后以咳嗽猪为中心蔓延到全舍，呼吸道症状也在加重，采食量下降，发热和呼吸困难。该病死亡率不高，一般 5%~10%。这一情况常出现在 16~18 周龄的猪只，故育肥猪呼吸道综合征又称 18 周龄壁垒，此种情况多发生于饲养管理不好的养猪场或育仔阶段使用了抗生素短期预防的养猪场。

研究表明，PRDC 是一种多病因（原）引起的混合感染，通常由病毒或支原体首先侵袭猪只呼吸道，破坏呼吸道的防御功能，然后各种气源性病菌就很容易进入下呼吸道和肺部，造成继发混合感染。所以一旦发生本病，必须采取全面的防治措施，才会取得满意效果。

（三）对急性暴发型 PRDC 的处理方案

在急性 PRDC 发生时，采取有效控制措施，准确诊断问题所在十分重要。

1. 分析致病因素

到养猪场进行现场调查，查看病史记录和询问饲养员，查出病因，了解发病猪群和日龄，找出其他相关因素。

2. 急性暴发时的采样

在本病急性发生时，虽然情况紧急，但不应盲目采集样品，应采集适当的样品，特别是应采集有代表性的、有急性临床症状的，如呼吸困难或咳嗽的病猪，并且采样病猪尚未用抗生素治疗。活猪的鼻腔或支气管灌洗物是最好的样品。鼻腔采样前应清洗扁桃体，多用于流感病毒的分离。而支气管灌洗物可用于PRRSV、PRV 的分离。

3. 急性暴发时的评估

内容包括：疾病诊断时，不能仅从活猪采集检查样品，正确的诊断疾病还应包括从剖检尸体采集适当样品，并对环境和饲养管理措施进行评价。

4. 尸体剖检与采样 进行尸体剖检时，应选择急性发病有代表性但未用抗生素治疗的病猪，绝不能选择僵猪。进行剖检尸体时，应全面检查尸体，注意出现的病理变化，应将猪场所见与实验室结果结合起来进行综合分析。

在采样时，应注意避免细菌污染，要采集整个呼吸道（气管、肺），半个肺或仅纵隔淋巴结。应注意给实验室送样时，应取急性病例的样品，不要取慢性死亡猪只的样品。送检的活猪应在最近 24h 内症状变得明显，且具有代表意义。

5. 处理步骤 一旦获得实验室结果，鉴定出病原，就可评价各种诱发因素，据此采取相应措施，改善环境和管理环节，采取恰当的治疗方法。

（四）综合防治对策

1. 基本原则

不同养猪场的饲养管理条件不同，引起 PRDC 的病原体也有差异，所以采取的措施也不一定完全相同。但若有效地控制 PRDC 的发生，必须遵循全进全出+空气调控+疫苗免疫+预防用药的原则。

2. 具体措施

（1）坚持自繁自养的原则，防止购入隐性感染猪：确实需引进种猪时，必须到持有省畜牧部门签发的种猪场卫生检疫合格证的种猪场引种。种猪到场后，应远离生产区隔离饲养，经检疫证明无疫病，方可混群饲养。

（2）限制养猪场规模：养猪场规模越大，存栏量越多，疫病控制的难度和发生呼吸道病的概率相应越高。因此，在规划和建设规模化养猪场时，应把大规模的养猪场分成若干个分场或生产线。

（3）做好清洁卫生和消毒工作：将卫生消毒工作落实到养猪场管理的各个环节，最大限度地控制病原的传入和传播。

（4）做好猪舍内小气候环境的控制：减少猪呼吸道疾病的发生，应根据季节气候的差异，做好小气候环境的控制。高浓度的有害气体不仅使猪呼吸道疾病发病率上升和猪的生长速度降低，而且还对猪舍设备有腐蚀作用。通过改善环境条件，可降低猪群的发病率。降低有害气体浓度的重要的方式是加强通风和降低饲养密度。

1）加强通风对流，改善猪舍的空气质量。

2）适当降低猪群饲养密度。

3）根据季节气候的变化控制好舍内的温度。

4）冬春季采用人工加温。

（5）加强猪群饲养管理工作，提高猪群对疫病的抵抗力：良好的饲养管理是预防疾病的基础，通过改善饲养管理，减少应激因素对猪造成的损害，可使许多呼吸道病得到减轻或控制。

1）保证猪群不同时期各个阶段合理、均衡的营养需要，保证免疫系统的功能正常。

2）猪群流动方向只能是"配种怀孕—分娩舍—保育舍—生长育成舍—装猪台"。

3）仔猪应减少寄养，以防交叉感染。确需寄养，应在母猪产后24h内完成。

4）尽量减少应激。

5）注意断奶和保育期饲料的过渡，尽量缩小断奶仔猪断奶日龄之间的差异，避免把日龄相差14天及以上的猪只混群饲养。

6）分娩舍、保育舍猪栏之间尽量用实墙隔开，限制仔猪直接接触，防止飞沫传播疾病。

7）保育舍、生长舍内设饮水加药系统，在冬春疫病多发季节，通过饮水给药效果更好。

（6）做好各类疫苗的免疫注射工作：在母猪产前应按计划完成猪伪狂犬、传染性胃肠炎、口蹄疫、蓝耳病等疫苗的注射工作，使母猪处于较高的免疫水平。

1）给仔猪接种喘气病疫苗可在仔猪 1 周龄和 3 周龄时各注射支原体灭活苗 2mL/头。生产实践证明，肌内注射喘气灭活苗"瑞陆适"能有效控制猪喘气病的发生，降低了 PRDC 和 PMWS 的发病率。

2）蓝耳病接种：母猪可在断奶后配种前免疫一次灭活菌或弱毒苗，仔猪可在 20 日龄左右免疫一次弱毒苗，在 60~70 日龄再注射一次弱毒苗。

3）PRV 免疫：母猪一年免疫 3 次，仔猪可在 60~70 日龄注射一次弱毒苗。阴性猪场仔猪可不免疫。

（7）药物预防：广谱抗菌药物可选用强力霉素、替米考星、先锋霉素、泰妙菌素、环丙沙星等。

淘汰治疗效果不佳的病猪和僵猪，防止疫病传播。

PRDC 的致病因素较复杂，在采取预防控制措施时，应综合考虑。只有采取综合防治措施，长期坚持下去，才会取得满意效果。

（五）猪呼吸道综合征的血清学检测计划

猪呼吸道综合征是大多数养猪场所面临的一个现实问题，成功控制的关键在于保持亚临床感染和临床感染之间的平衡，使临床感染向亚临床感染转变。为此，制订检测方案是确定亚临床感染和临床感染的关键所在。为了制订适合于养猪场的检测计划，在疾病的急性暴发控制之后，有必要建立猪场档案，特别是鉴定最可能和经常引起 PRDC 的病原，确定疾病最可能发生的时间，确定任何危险因素，确定和发病有关的环境和管理因素，最后进行适当的血清学检测。

1. 血清学检测

通过血清学检测，确定病原和感染日龄，使疾病控制更有效。根据血清学检测结果，分析造成仔猪被动免疫力下降的原因，分析猪舍的位置、管理措施和主要环境因素等方面的问题。依据预期的感染率和可接受的误差，确定血清学检测的样品数。如为了估计疾病的流行率，可接受误差在10%。

2. 血清学检测项目

（1）病毒：猪流感病毒（SIV）、蓝耳病病毒（PRRSV）、伪狂犬病毒（PRV）、圆环病毒（PCV-2）。

（2）细菌：应用相应的试剂盒对发生本病的有关细菌性病原进行检测。应注意血清学检测的是以前的感染，本次血清学检测转为阳性，说明本场已发生感染，应采取措施加以控制。

（3）养猪场在自备血清过程中存在的问题：

1）采血量过多或过少，一次性注射器采血后没有留一些空间，使血清无法析出，因此，每次采血只需3~5mL即可。

2）采血后未采取相应措施，促进血液凝固，以致送达实验室后出现溶血现象，无法提取血清进行诊断。

3）采血后未及时送检，血液存放时间过长，导致了血液腐败。

在进行抗体检测时，应注意随机取样，使样品具有代表性。采血后先置室温2h或于37℃温箱中放置0.5~1h析出血清。有条件的场最好自己分离血清送检，以减少溶血。血清要低温送达实验室，最好在3天内送达。对急性病料，如分离、鉴定副猪嗜血杆菌等，应在24h内送检。

（4）临床送检时，应选派知情的技术人员向实验室提供以下信息，以帮助实验室根据检测结果做出正确诊断。

1）最先出现症状的猪只是哪个阶段，是母猪还是哺乳，保育或育肥猪只。

2）发病猪只的发病率、死亡率各是多少，采取了哪些应急措施，如注苗情况、病猪剖检情况和用药情况，效果如何。

3）疫病的发展速度情况如何，是急性还是慢性。

4）发病前后的饲养管理措施和环境条件是否改变。

5）猪场周围本病的发生和流行情况如何，是否给本场造成了防疫压力等。

3. 风险因素的分析与总结

（1）在 PRDC 的诊断中，尸体剖检很重要，尤其是鼻甲骨的检验很重要，因为其为呼吸道的第一道防线，它可以说明猪场鼻炎发生情况。

（2）应该全面分析各种危害因素及其所起的作用，只控制病原而不控制相应的危险因素，防治效果不一定很理想。

十五、母猪繁殖障碍征的防治对策

规模化养猪场若要取得较高的养殖效益，保证母猪正常发情、受胎、分娩，提高平均窝产仔数和仔猪断奶重是非常关键的技术措施。然而，规模化养猪生产条件下的多种因素均可导致母猪生殖系统疾病，发生繁殖障碍，直接制约了养猪场生产水平的提高。再加上管理不当、治疗措施不妥，造成了大量母猪淘汰，常给养猪业造成重大经济损失。下面结合规模化养猪生产实际分析母猪繁殖障碍性疾病的病因及对策。

（一）病因分析

引起母猪繁殖障碍的疾病的因素较多，临床上主要归结为两大类：传染性繁殖障碍和非传染性繁殖障碍，其详细致病因素分类如下：

$$
\text{繁殖障碍致}\atop\text{病因素分类}
\begin{cases}
\text{传染性}
\begin{cases}
\text{病毒性}
\begin{cases}
\text{蓝耳病}\\
\text{圆环病毒感染}\\
\text{猪瘟、伪狂犬病}\\
\text{细小病毒病}\\
\text{乙型脑炎}
\end{cases}\\
\text{细菌性}
\begin{cases}
\text{链球菌病}\\
\text{衣原体病}\\
\text{钩端螺旋体病}\\
\text{附红细胞体病}\\
\text{布氏杆菌病}
\end{cases}\\
\text{寄生虫性：弓形虫病}
\end{cases}\\
\text{非传染性}
\begin{cases}
\text{营养性}
\begin{cases}
\text{微量元素、维生素缺乏}\\
\text{营养过剩或不足}
\end{cases}\\
\text{慢性子宫炎}\\
\text{霉菌毒素中毒等}
\end{cases}
\end{cases}
$$

（二）临床表现

1. 传染性繁殖障碍

主要危害 1~2 胎的母猪，2~3 胎母猪也可发生。多由与带毒公猪交配或强毒感染所致。妊娠母猪感染传染性致病因素后，多在 2~14 天出现全身症状，同时发生流产。

（1）PCV-2：主要危害初产母猪和新引进种猪群，可表现流产、产死胎、木乃伊胎和仔猪断奶后高死亡率。急性繁殖障碍主要是流产增加或发情延迟，持续 2~4 周。之后母猪产木乃伊胎或死胎的数量增加可持续数月。仔猪断奶后干瘦。

（2）PRRSV：妊娠母猪发生早产、延迟分娩，产死胎、胎儿脐带发黑、木乃伊胎、弱仔等，以妊娠后期发生流产多见。同时有精神沉郁、嗜睡、食欲减少、渐进性厌食至废绝，咳嗽、不同程度的呼吸困难。少数母猪在分娩前后一过性的低热，双耳、肢侧、外阴皮肤青紫色。在14天内猪群同时出现以下三个指标中的两个即可判定该猪群感染该病：8%的母猪早产或延迟分娩；20%以上的胎儿死亡；断奶前有26%以上的仔猪死亡。

（3）PR：母猪表现为厌食、便白、震颤、惊厥、视觉消失或眼结膜炎，很少死亡。如怀孕母猪感染本病，则分娩延迟或提前，产下木乃伊胎或流产，流产的出现率可达50%，产下的弱仔一般在2~3天死亡。产后约20%的母猪不能再受胎。

（4）细小病毒病：主要表现为胚胎和胎儿的死亡，产出木乃伊胎、死胎、畸形胎、弱仔。而母体通常缺乏临床症状，公猪一般也无临床表现。胎儿感染后大部分在妊娠中、后期死亡，胎水重新被吸收，可见母猪腹围缩小。

（5）乙型脑炎：怀孕母猪流产、早产或延迟分娩。流产多发生在妊娠后期，产出大小不等的死胎、畸形胎及木乃伊胎，亦可产出弱仔。流产时乳房肿大，分泌乳汁。流产后常见胎衣滞留，自阴道流出红色黏液。公猪单侧睾丸肿胀、发热及萎缩，性欲减退。

（6）附红细胞体病：母猪主要表现为产弱仔和产后1~3天无乳或少乳。同时长期厌食，皮肤苍白或黄染，毛囊有汗渍或出血点。

（7）弓形体病：妊娠母猪表现为流产、产死胎、产弱仔，很少有木乃伊胎。母猪未出现症状前就发生流产。

（8）衣原体病：母猪妊娠后期突然流产，产死胎、木乃伊胎、弱仔及新生仔猪的大量死亡。公猪发生睾丸炎、附睾炎、阴茎炎、尿道炎，人工采精时可发现精液中有带血分泌物。各年龄猪只发生肺炎、结膜炎；断奶前后猪发生肠炎；架子猪多发性关节炎、心包炎、脑炎等。秋冬季节多发。

（9）钩端螺旋体病：母猪妊娠后期流产，产下弱仔、死胎。仔猪黄疸、发热。解剖见肾脏的病变有诊断意义。母猪尿液呈茶褐色。

总结：从生产实践中可以观察发现，在病猪群中存在着病毒+病毒、病毒+细菌、细菌+细菌、细菌+寄生虫、寄生虫+病毒等交叉或混合感染的病例，并且呈上升趋势。如 HC+PR、PRRS+PCV-2、HC+弓形虫、PR+链球菌、附红细胞体+链球菌等。当临床症状不明时，可到权威部门进行检测以确定病因。

2. 非传染性繁殖障碍

非传染性繁殖障碍大多无全身症状。临床表现为不发情、返情，流产居多。常见因素如下：

（1）霉菌毒素中毒：霉菌毒素是危害动物生长，降低生产效益的最危险的因素之一。

玉米赤烯酮导致母猪生殖系统紊乱，卵巢功能异常，出现假发情、不孕及流产、脱肛。使公猪精子畸形。怀孕母猪产死胎、烂胎、木乃伊胎。特别是出现胎儿的早期死亡。

黄曲霉毒素对胚胎致死率高，致畸性强，产生死胎、弱仔及木乃伊胎。

（2）慢性子宫炎：又称子宫蓄脓症（病原多为大肠杆菌、葡萄球菌、化脓棒状杆菌、链球菌等），多见于产后感染和死胎溶解之后。母猪平时表现正常，到发情时外阴流出污浊的分泌物，有的母猪会在配种后 2~4 天流出大量脓性分泌物，屡配不孕。高温季节多发。

（3）饲养管理不当：养猪场内环境变化，过度拥挤，空气污浊，机械刺激，热应激，转群，母体过肥或过瘦等。

（4）药物使用不当：凡是引起平滑肌蠕动加强和激素分泌失调的药物均慎用于母猪，如氨甲酰胆碱、毛果芸香碱、新斯的明、蟾酥、地塞米松、前列烯醇等。

（5）重金属中毒：砷可引起母猪延迟分娩，胎儿全部死亡；胎儿个体较小，少毛无毛，皮肤苍白或黄染；肝脏发黄，胸腺萎缩。

（6）微量元素、维生素缺乏：引起母猪不发情、乏情，产弱仔、畸形胎等情况。对公猪的影响更加突出。

（三）处理措施及综合防治对策

1. 不同临床表现的繁殖障碍的处理措施

（1）母猪流产后不发情的处理措施：母猪流产后不发情说明卵巢功能不正常，这种情况主要是传染性繁殖障碍疾病所致。胚胎在胎骨形成后死亡，引起干尸化，长期停留于子宫而引起母猪不发情。

主要采取激素处理：

1）绒毛膜促性腺激素（HCG）。一次肌内注射 500 ~ 1 000IU。

2）中草药催情排卵。可用益母草 100g、淫羊藿 20g、阳起石 15g 研为细末拌料内服。

3）孕马血清。耳根皮下注射 1 000IU。若 4 天内仍然不发情，再次肌内注射 1 000IU，还不发情淘汰处理。出现发情后在配种前再肌内注射绒毛膜促性腺激素（HCG）一次 500 ~ 1 000IU 效果更好。

4）在母猪口粮中每天补充维生素 E 400mg，一周后给母猪肌内注射 5mL 乙烯雌酚，一般注射 2~3 天即可发情。

5）加强饲养管理，控制体况。

6）提供全面营养，避免霉菌毒素干扰。

7）连续两次不发情者淘汰。

（2）母猪配种后返情（流产后发情）的处理措施：母猪配种后返情，说明胚胎死亡被完全吸收或死胎、弱仔、木乃伊胎被全部娩出而母猪生殖功能正常。胚胎死亡高峰期有三个：配种后 9~14 天的合子附着初期；配种后 20~26 天胎儿器官形成阶段；妊娠第 60~70 天胎儿快速发育初期。不同时期引起死亡的主要原因不同，21天前后返情的，主要考虑非传染性因素（子宫内环境变化，机械刺激，饲料霉变，热应激，公猪精液品质，母体营养状况，慢性子宫炎等），25天以后返情的重点考虑疾病因素。

1）早期流产正常发情的母猪，配种前使用土霉素或强力霉素400g/t料，配种后第9天注射一次黄体酮安胎。

2）后期流产异常发情的母猪，主要是传染性繁殖障碍疾病所致。在妊娠80~90天使用土霉素或强力霉素500g/t料可净化母体内的弓形虫、衣原体、钩端螺旋体、链球菌和附红细胞体等多种病原，有效减少上述病原引起的流产、早产、产弱仔、死胎及延迟分娩等繁殖障碍表现。

3）对配种后的母猪精心护理。

4）提供营养全面、均衡的饲料，避免饲喂霉变饲料。

5）对连续两次流产的母猪淘汰。

（3）母猪早产、迟产和产死胎、木乃伊胎、弱仔主要是传染性繁殖障碍疾病所致，重点在于做好常规繁殖障碍疾病的预防接种工作和细菌性繁殖障碍疾病的控制。

（4）后备母猪不发情的处理：后备母猪到8月龄后开始发情，但也有个别乏情，主要与品种、季节、运动、营养、饲养密度、光照、先天性生殖器官发育不良、缺少公猪刺激、温度及疾病有关，应具体分析原因，制定相应措施。

（5）母猪断奶后不发情的处理：一般情况下，大部分母猪下产床7天内会发情配种，但也有较长时间不发情或发情不明显，主要与品种、季节、体况、饲养水平、光照、胎次、缺少公猪刺激、慢性疼痛、温度及疾病有关，应具体分析原因，制定相应措施。

2. 综合防治对策

（1）提供优质全价均衡的日粮，并根据不同生理阶段及体况饲喂，给予清洁饮水。

（2）加强营养管理，尤其是妊娠前期、后期及断奶前后等重要生产阶段。

（3）做好繁殖障碍性疾病的预防接种，严格选择疫苗种类、接种剂量、间隔和接种时机。有条件的养猪场应对种猪群进行免疫检测。

（4）加强兽医卫生，保持猪舍干燥、清洁、卫生和良好的空气质量。

（5）做好公猪诱情和母猪发情鉴定，掌握好配种时机，适时配种。

（6）做好公猪的合理使用和管理非常重要。

1）种公猪在确定为后备公猪以后，要单圈饲养。

2）公猪的日粮要少而精，要用专门的公猪日粮配方。在日常饲喂时应根据配种频率调整公猪的营养供给，尤其要加足与生殖有关的营养物质。比如蛋白质、氨基酸、矿物质和维生素。

3）公猪的使用频率要适当。一般引进品种的公猪在8个月龄开始使用，使用过早，会减少公猪的使用年限。公猪在最初使用时，以一周1~2次为宜。到12个月龄以后的公猪是最好用的年龄，可以每周使用4~5次，但同时应加大上述提到的与生殖有关的营养物质的供给。公猪的采精频率应视每次采精所得有效精子数而定。

4）给公猪以最适宜的环境温度。公畜的睾丸是最经不起高温的。如果环境温度过高，公猪舍没有降温设备，靠公猪的生理调节往往达不到精子生长及储存的适宜温度。这就需要给公猪提供凉爽的环境，比如猪舍遮阴、喷雾降温，舍内设置水池等。

一般养猪场，如果进行生产统计分析可能都会发现，7~8月配种的母猪，返情的多，产仔数少，这时不妨考虑是否因环境温度过高引起公猪精液品质下降造成的。

5）种公猪的合理运动。

6）给公猪与母猪接触的机会。后备公猪第一次配种，要给它一个良好的体验，最好找发情时机好、温顺的母猪，这样对公猪以后继续使用比较有利。

（7）种公猪的疾病控制。凡是影响到母猪繁性能的疾病，对公猪都有所影响，如乙型脑炎、细小病毒病、伪狂犬病、PRRS、猪瘟等，可以通过注射疫苗进行机体免疫。定期对公猪进行免疫检测，及时淘汰阳性猪。

有些内科性疾病往往被养猪者忽视，像感冒、肺炎等，如果引起高烧不退，都会影响到公猪愈后的使用。

（8）对公猪精液品质进行显微镜检查。一般来讲，应该在公猪配种时检查精子活力、畸形率等指标，做到心中有数，以减少母猪的无效饲养日，增加养猪的效益。

（四）养猪场母猪传染性繁殖障碍的血清学检测计划

母猪传染性繁殖障碍是大多数养猪场所面临的一个现实问题。制订适合于养猪场的检测计划，在疾病的急性暴发控制之后，建立养猪场档案，特别是鉴定最可能和经常引起繁殖障碍的病原，确定疾病最可能发生的时间，确定各种危险因素，确定和发病有关的环境和管理因素，最后进行适当的血清学检测，对控制养猪场母猪传染性繁殖障碍具有指导意义。

1. 血清学检测　通过血清学检测，确定病原和感染日龄，使疾病控制更有效等。依据预期的感染率和可接受的误差，确定血清学检测的样品数。

2. 血清学检测项目

（1）病毒：蓝耳病（PRRSV）、伪狂犬（ARV）、圆环病毒（PCV-2）、猪瘟（HC）、口蹄疫、衣原体、附红细胞体、细小病毒、乙型脑炎。

（2）养猪场在自备血清过程中存在的问题很多，操作上要

慎重。

十六、猪免疫抑制病的防治对策

近几年许多猪场发生了仔猪断奶后 2～6 周出现呼吸困难、进行性消瘦、发热、咳嗽、腹泻、黄疸和高死亡率为特征的疾病。病变特征为间质性肺炎，全身淋巴结肿大，皮下脂肪耗竭，黄疸病猪肝脏病变明显，经检测为 PRRSV 与 PCV-2 混合感染引起的断奶仔猪多系统衰竭综合征（PMWS）。

近年来猪病的另一个突出表现是保育、生长、育肥猪呼吸道综合征的广泛存在和难以控制。病猪咳嗽、眼鼻分泌物增多，呼吸频率加快，体温升高，精神沉郁，食欲缺乏，生长缓慢或停滞，急性病例经打针治疗后病情若得到控制则出现生长明显受阻，往往成为僵猪，死亡率为 20% 左右。对病例进行病原学诊断，发现普遍存在 PRRSV 或 PCV-2 感染或二者同时感染。

PRRSV 和 PCV-2 均可引起免疫抑制和免疫缺陷，造成机体免疫力低下，对疾病易感性增高，多种疫苗接种失败，使疾病种类增加，控制难度加大。根据对全国各地科研单位研究成果和临床病例的研究发现，PRRSV 与 PCV-2 混合感染在养猪场广泛存在且日趋严重，给养猪场造成了重大损失。

（一）发病特点

1. 免疫抑制

PCV-2 感染猪的淋巴细胞和 T 细胞数量显著下降，淋巴器官中的 T 淋巴细胞 B 淋巴细胞数量显著减少。

2. 引起继发性免疫缺陷

发病 PCV-2 感染猪至少存在短期不能激发有效的免疫应答现象。

3. 混合感染继发感染严重

蓝耳病病毒（PRRSV）在巨噬细胞和白细胞内增殖，严重破坏肺泡巨噬细胞和白细胞。受损的巨噬细胞和白细胞失去了抗感染作用，增强了其他病原体对肺脏的侵袭作用。仔猪发生蓝耳病后，免疫功能下降，对病原抵抗力弱，常继发副嗜血杆菌、链球菌、霍乱沙门菌，多杀性巴氏杆菌、胸膜肺炎放线杆菌、肺炎支原体。Ⅱ型圆环病毒也可感染肺泡中的巨噬细胞，造成大量裂解，产生间质性肺炎。PCV-2感染猪群因为免疫力低下，对其他病原体的抵抗力大大降低。

4. PRRSV 与 PCV-2 混合感染

导致5~13周龄猪只大批死亡。

（二）临床表现

1. 断奶猪多系统衰竭综合征（PMWS）

常见的PMWS主要发生在哺乳期和保育舍的仔猪，尤其是5~12周龄的仔猪，一般于断奶后1~2周开始发病到保育结束。急性病例发病率20%～60%，病死率10%左右，但常继发或并发其他病原体感染而使死亡率大大增加。发病最多的为6~8周龄，分布于5~16周龄，发病猪多先发热（一般不超过41℃）、减食，继而出现消瘦、毛粗乱、竖立、呼吸困难、皮肤苍白，少数可见黄疸，腹股沟淋巴结肿大，严重下痢或腹泻、嗜睡、眼角有分泌物。

2. 保育、生长猪肺炎

保育、生长猪肺炎是目前常见的与PCV-2和PRRSV相关联的呼吸道疾病。病猪咳嗽、眼鼻分泌物增多，呼吸频率加快，体温升高，精神沉郁，食欲缺乏，生长缓慢或停滞，急性病例经打针治疗后病情若得到控制则出现生长明显受阻，往往成为僵猪。发病规律为：5~6周龄开始发病，8周龄为发病高峰，9周龄为死亡高峰，保育结束时基本停止。保育期发病率为30%～70%，死亡率20%左右。其病理解剖中间质性肺炎和增生性肺炎常见。间质性肺炎主要危害6~14周龄猪，发病率为20%～30%，眼观病变为弥漫性间质性肺炎，颜色灰红色。PCV-2 和 PRRSV 均已成为育肥猪呼吸道综合征（PRDC）的原发病原，继发多种气源性细菌感染，引起生长中后期猪只呼吸系统疾病发生率明显增多。在 PRDC 的各病原体中的地位极为重要。

（三）综合防治对策

（1）由于 PCV-2 尚无疫苗，短期内研制出有效疫苗尚有难度；PRRS 灭活苗的免疫效果不佳，活疫苗免疫效果好（但国外资料介绍存在毒力返强的实例），目前德国勃林格公司生产的 PRRS 活疫苗已经通过农业部进口生物制品许可，据介绍免疫效果理想、安全。

（2）提高机体抵抗力是预防免疫抑制病的根本措施。仔猪断奶后饮用安普疫安 15 天可迅速提升非特异性免疫屏障，起到极佳效果。若哺乳期发生 PMWS，则应在补水时加入安普疫安，连饮 7~10 天。

（3）母猪是很多病原的携带者，或通过垂直传播，或通过向外界环境排毒造成哺乳仔猪早期感染发病。对母猪用药可以净化母猪体内的细菌，降低 PRRS 造成的危害。母猪在产前、产后 7 天各使用安普呼宁或安普金粉 400g/t 拌料可有效降低哺乳期仔猪的发病率。

（4）肺炎支原体可以促进 PRRSV 的感染，加重肺脏的损伤，并能延长感染的持续时间和母猪的排毒时间。对哺乳仔猪 3 日、7 日、21 日龄分别注射安普金针 0.5mL/头、0.8mL/头、1.5mL/头，可有效控制支原体、副嗜血杆菌、胸膜肺炎放线杆菌等早期感染。

（5）药物一般不能控制病毒病，但预防细菌的继发感染是控制本病的必要措施。断奶仔猪是抵抗力最弱的阶段，混群过程中容易发生病毒、细菌的水平传播，特别是在应激的条件下更容易发病。此期在饲料中添加磺胺粉 400g/t 拌料，连用 15 天，可以有效预防各种细菌的继发感染，降低发病率或减轻发病程度。

（6）加强猪群的饲养管理，降低猪群的应激因素。在 PRRSV 和 PCV-2 感染的猪场，很多因素都可诱发、促进 PRRS 和 PMWS 的发生和加重病情，导致死亡率上升。因此，要有效控制免疫抑制病，必须结合良好的饲养管理和环境控制，降低应激反应的影响。保证仔猪的营养，尽量提高仔猪的抵抗力。断奶后保育舍的温度应控制在仔猪最适温度上下，避免产生较大的温差。尽量减少免疫接种的次数，接种前使用免疫促进剂，以及减少转群并群，控制饲养密度等。

（7）全进全出的生产方式有利于控制传染病的传播。通过彻底冲洗、消毒可减少环境中各种病原体的数量。孕猪进入产房前应彻底消毒，并进行驱虫治疗。

（8）加强生物安全控制。已知老鼠和吸血昆虫等可以传播很多疾病，若对鼠害和吸血昆虫的滋生控制不力，饲养管理和药物的作用将大大降低。

（9）做好 HC、PR、PRRS、细小病毒病、喘气病等疫苗的免疫工作。

（10）若有多余的产仔舍，可将仔猪多养 2~4 周，然后直接转入育肥舍（做好保温工作）。在保育舍严重污染的情况下有积极效果。

（11）定期对猪群中 PRRS 和 PCV-2 的感染状况进行检测。通过检测了解猪群的健康状态，及时剔除抗原阳性猪。PRRS 一般一季度检测一次，采样要符合生物统计学要求。用 ELISA 试剂盒进行抗体检测，如果连续四次检测抗体阳性率没有显著变化，则表明该病在猪场是稳定的。如果在某次检测中抗体阳性率有所上升，则说明猪场在管理与卫生消毒方面存在问题，应加以改正。

综上所述，PRRSV 和 PCV-2 感染潜在性威胁很大，但只要采取合理的综合控制措施，完全可以最大限度地降低危害，取得很好的养殖效益。

第三节　猪混合感染内源性干扰素疗法

一、原理

根据免疫干扰原理，应用大剂量的猪瘟弱毒疫苗（或新城疫 I 系疫苗，这是一种免疫干扰素的弱毒诱生剂），再加上免疫增效剂双价活力素（由优质松果菊、白细胞介素-2、植物血凝素、免疫增强剂等构成），可诱导组织细胞，使病猪自身产生内源性干扰素。这种干扰素是猪本身产生的，且针对性强，能抑制病毒蛋白质的合成，从而抑制猪体内存在的所有病毒复制而达到消灭和抵抗病毒的效果。同时配合应用相应抗生素，还可解决猪的细菌病，有更好的疗效。

操作方法：

药物释制：猪瘟弱毒苗用生理盐水稀释，每瓶（50头份）一般用 10mL 盐水。新城疫 I 系弱毒疫苗每瓶 500 羽，用 20mL 注射用水稀释，每 1mL 中含 25 羽。双价活力素每支用 5mL 注射用水稀释。双价活力素可加入疫苗中，也可单独注射。选用的抗生素按说明剂量使用。

二、适应证

（1）病毒病：猪瘟、伪狂犬、蓝耳病、圆环病毒病、乙脑、口蹄疫、传染性胃肠炎、流行性腹泻、流行性感冒等。

（2）与病菌混合感染相关的病：链球菌病、副嗜血杆菌、传染性胸膜肺炎、猪痢疾、大肠杆菌病、猪丹毒、猪肺疫、副伤寒、弓形体病以及附红细胞体病等。

三、用法和用量

（1）1~10日龄仔猪用猪瘟弱毒疫苗10头份，加入双价活力素1/5支，配合使用抗生素，肌内注射。

（2）11~20日龄用猪瘟弱毒疫苗15头份，加入双价活力素1/5~1/4支，配合使用抗生素，肌内注射。

（3）21~30日龄用猪瘟弱毒疫苗20头份，加入双价活力素1/4支，配合使用抗生素，肌内注射。

（4）31~40日龄用猪瘟弱毒疫苗30头份，加入双价活力素1/3支，配合使用抗生素，肌内注射。

（5）41日龄至50kg体重用猪瘟弱毒疫苗40头份，加入双价活力素1/3支，配合使用抗生素，肌内注射。

（6）51~100kg体重用猪瘟弱毒疫苗50头份，加入双价活力素1/2支，配合使用抗生素，肌内注射。

（7）100kg以上的成年公、母猪用猪瘟弱毒疫苗80头份，加入双价活力素1支。

妊娠母猪不宜用猪瘟弱毒苗，可使用新城疫Ⅰ系疫苗，剂量为180~250羽，用10mL生理盐水稀释，加入双价活力素1支，配合使用抗生素，肌内注射。

四、注意事项

（1）上述剂量为1次用量，3天注射2次，中间隔1天，再进行二次注射。

（2）本疗法使用越早效果越好，一般发病7天之内用本疗法均有良好效果。

（3）本疗法经大量临床使用安全有效，若初次使用可先用2~3头猪试验，若0.5~1h不出现过敏反应，即可全部使用。

（4）若病猪是病菌病毒混合感染，则要配合使用相适抗生素，以保证效果。

（5）加强管理，限制饲喂，充足饮水。水中加入口服补液盐、葡萄糖、电解多维、黄芪多糖等，则康复更快。

第四节　猪病的模糊诊疗法

据《北方牧业》报道，模糊诊断和治疗（对症治疗）取得了良好效果，这种方法目前仍是治疗猪病的应急措施。举例如下。

一、猪的泻痢症模糊诊疗法

1. 涉病范围

猪痢疾、副伤寒、传染性胃肠炎等。

2. 群体投药

（1）藿香正气散或平胃散、健胃止泻散等，按 0.5%~1% 比例拌料。

（2）土霉素粉 500 ~1 000g/t 饲料。

（3）阿散酸 50~100g/t 饲料。

以上各药按比例同时拌入饲料中喂服，用 3~5 天，治愈率可达 98%。

3. 个体投药

（1）长效土霉素注射液按 20mg/kg 体重或按说明书推荐量分点一次肌内注射，每天 1 次，连用 2~3 天。

（2）藿香正气水按 0.5~1mL/kg 体重肌内注射，每天 1 次，连用 2~3 天。

（3）按氟苯尼考注射液 10~20mg/kg 体重、盐酸 654-2 注射液按 1~2mg/kg 体重、盐酸异丙嗪注射液 5~10mL/头、地塞米松磷酸钠注射液 1~2mg/10kg 体重的用量，混合后一次肌内注射。

每天 1 次，连用 2~3 天，治愈率可达 98% 以上。

二、猪咳喘症模糊诊疗法

1. 涉病范围　猪气喘病、传染性胸膜肺炎、副嗜血杆菌病等。这类病症肺部都有明显病变，如图 9.23 所示。

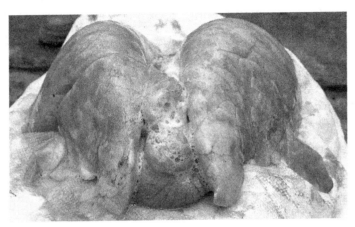

图 9.23　病肺大量泡沫

2. 群体投药

（1）土霉素粉 500 ~ 1 000g/t 饲料。

（2）酒石酸泰乐菌素 100~200g/t 饲料。

（3）氟苯尼考 50~100g/t 饲料。

（4）阿散酸 20~100g/t 饲料。

（5）氨茶碱 200g/t 饲料。

以上各药按比例同时拌入饲料内，连用 3~5 天，治愈率可达 98%。

3. 个体投药

（1）长效霉素注射液，按 20mg/kg 体重或按说明书推荐量分点一次肌内注射。

（2）长效磺胺间甲氧嘧啶钠注射液 10mL/25kg 体重、地塞米松磷酸钠注射液 1~2mL/10kg 体重，混合后一次肌内注射。

（3）10%安钠咖注射液 5~10mL/头，一次肌内注射。

（4）按青霉素 2 万~4 万 u/kg 体重、链霉素 1 万~2 万 u/kg 体重、清热解毒注射液 0.5~1mL/kg 体重，混合后一次肌内注射。

（5）按硫酸卡那霉素注射液 1 万~2 万 u/kg 体重，盐酸异丙嗪注射液 0.5~1mg/kg 体重，盐酸胃复安注射液 1~2mg/kg 体重，盐酸 654-2 注射液 1~2mg/kg 体重，盐酸麻黄碱注射液 0.5~1mg/kg 体重，混合后一次肌内注射。

（6）氟苯尼考注射液按 10~20mg/kg 体重，一次肌内注射。

以上用药同时注射，每天 1 次，连用 2~3 天即可，治愈率可达 98%。同时本处方对猪的多种呼吸道传染病有很高的治疗效果。

三、猪高热症模糊诊疗法

1. 涉病范围　猪流感、猪瘟、蓝耳病、附红细胞体等。

2. 群体投药

（1）群体处理：

1）土霉素 1 000~2 000g/t。

2）氟苯尼考 50~100g/t。

3）阿散酸 50~100g/t。

4）清温败毒散 5 000g/t。

5）安乃近 200~400g/t。

同时拌入饲料内连用 3~5 天。

注：猪瘟时须紧急接种猪瘟疫苗，每千克体重 0.5~1 头份，肌内注射。

（2）个体处理：

1）长效土霉素 20mg/kg 体重，一次性分点肌内注射；每天 1 次，连用 2~3 天。

长效磺胺间甲氧嘧啶钠 10mL/25kg 体重、地塞米松磷酸钠 1~2mg/10kg 体重混合一次肌内注射，每天 1 次，连用 2~3 天。

2）10% 安钠咖注射液 10mL 一次肌内注射；每天 1 次，连用 2~3 天。青霉素 2 万~4 万 u/kg 体重、链霉素 1 万~2 万 u/kg 体重、清热解毒注射液 30~50mL 混合后一次肌内注射。每天 1 次，连用 2~3 天。

3）30% 的安乃近注射液 10mL、盐酸氯丙嗪（50mg）注射液 2mL、盐酸胃复安注射液按 1~2mL/kg 体重、复合 B 族维生素 10~20mL、盐酸山莨菪碱（654-2）注射液 1~2mg/kg 体重混合后一次肌内注射。每天 1 次，连用 2~3 天。治愈率达 98%。

注：①当怀疑是附红细胞体病时，加注血虫净（贝尼尔），按 1g/200kg 体重一次肌内注射，隔天 1 次，连用 3 次。②当怀疑是猪瘟时，按 0.5 ~1 头份/kg 体重注射猪瘟弱毒疫苗，一次性肌内注射。③病情较严重时，再选用硫酸卡那霉素与氟苯尼考注射液一起注射。

四、母猪产后综合征模糊诊疗法

1. 涉病范围

母猪产后综合征主要有母猪产后尿闭、产褥热、产后肠迟缓、乳房炎等。

2. 治疗方法

（1）长效土霉素 20mg/kg 体重，一次性分点肌内注射。

（2）10% 安钠咖注射液 10mL，一次性肌内注射。

（3）青霉素 2 万~4 万 u/kg 体重、安痛定 10~20mL、鸡蛋白 10~20mL、地塞米松磷酸钠 10~15mg 混合后一次肌内注射。

（4）清热解毒注射液 30~50mL、鱼腥草注射液 20~30mL 混合后一次肌内注射。

（5）盐酸胃复安注射液 1~2mg/kg 体重、盐酸异丙嗪注射液按 0.5~1mg/kg 体重、盐酸山莨菪碱注射液 1~2mg/kg 体重、复合 B 族维生素注射液 10~20mL，混合后一次肌内注射。

以上药物同时用药，每天 1 次，连用 2~3 天即可。

群体预防可定期用以下药物拌料：15% 金霉素 2kg/t，阿莫西林 250g/t，泰乐菌素 150g/t，连用 3~5 天。

◆ **知识链接**

值得重视的七项民谣

（1）养猪无巧，窝干食饱。

（2）不怕狂风一片，只怕贼风一线。

（3）宁缺一日料，不缺一口水。

（4）腹泻一日，三天不长；三天打架，五日不肥。

（5）三分治疗，七分护理。

（6）一猪有病，整窝用药；一栏有病，全群预防。

（7）夏季菌病多，冬季病毒猖，全年霉菌坏。

五、母猪用药慎与忌

（一）母猪慎用药

1. 对孕猪有害的药物

四环素、链霉素（氯霉素）、呋喃类、阿司匹林、苯海拉明、利眠宁、扑尔敏、可的松类等。

2. 对孕猪无害抗生素

青霉素、红霉素等。

3. 静脉注射

由于静脉注射的药物不经过母体肝脏而直接进入胎体，故对胎儿毒性较大，应用时应加注意。

4. 孕猪宜口服药

因口服药要通过肝脏，肝脏有解毒功能，故常可把对胎儿有毒害的药物化解为无害。

5. 母猪用药时间也很关键

母猪卵子受精躲在输卵管的前端，逐渐移向子宫角，附着在子宫角黏膜上（着床），并在其周围形成胎盘而吸收母体营养，这个过程需 15~30 天，故在用药上要注意：

（1）在 15~30 天用药，胎儿与母体并无实质性的直接关系。所以，给母猪用药，一般对胎儿无影响。

（2）30 天后，胎儿可从绒毛吸取母体子宫血获得营养，再经脐带进入胎体，此时用药不当可能导致胎儿发育畸形或死亡。

孕至 6~8 周胎猪各脏器已基本形成，此时若药物中毒，轻者可能引起早产、流产，重者胎死腹中。

（二）孕母猪禁用药物

孕母猪禁用药物见表 9.1。

表 9.1　孕母猪禁用药物

药物作用类型	禁用药物名称	禁用原因
直接兴奋子宫平滑肌的药物	麦角、脑垂体后叶素、催产素、缩宫素、喹宁	引起流产、难产和大出血
间接兴奋子宫平滑肌的药物	硫酸镁、硫酸钠、蓖麻油	胃的兴奋反射引起子宫兴奋
影响胎儿生长或致胎儿畸形的药物	水杨酸钠、毛果芸香碱、毒扁豆碱、比赛可灵、新斯的明、可的松、性激素（雌二醇、乙烯酚等）、长效磺胺（磺胺6-甲氧等）	流产或影响胎儿生长，可致胎儿畸形
可能引起流产的药物	高渗葡萄糖（10%以上）、氯前列烯醇、前列腺素	早产或流产
不可使用的中草药	桃仁、红花、三棱、莪术、肉桂、益母草、贯众、大黄、皂角、干姜、积实、元胡、五灵脂、远志、麝香（元寸）、水蛭，中成药洛丹、跌打丸	活血、化瘀、峻下、理气，易致流产